VASE DE DIVERSES FLEURS.

LE
LANGAGE DES FLEURS

OU

LE LIVRE DU DESTIN,

CONTENANT

L'emblème et la signification de chaque Fleur ; — L'oracle ou horoscope des Personnes des deux sexes ; — La manière de former un Bouquet de différentes Fleurs, pour correspondre entre soi, notamment les Amans et les Maîtresses.

D'APRÈS LES AUTEURS ÉGYPTIENS, ARABES, PERSANS, GRECS, ETC.

ORNÉ DE 30 GRAVURES.

PARIS.

GAUTHIER, LIBRAIRE-ÉDITEUR,
Quai du Marché-Neuf, 34.

1841.

Imprimerie Le Normant, rue de Seine.

AVANT-PROPOS.

De toutes les productions admirables de la Nature, il n'en est point dont la vue frappe plus agréablement les sens et l'imagination que les Fleurs. Les Fleurs sont les amours de la terre et des cieux ; elles sont les interprètes de tous les sentimens : c'est sur la tombe d'une jeune fille moissonnée à son printemps qu'on place une rose ; un cyprès couvre les restes d'un vieillard ; en général, tout le monde aime les Fleurs ; les dames en ornent leur sein et leurs cheveux : c'est avec des Fleurs que nous témoignons dans l'enfance nos sentimens d'affection et de reconnaissance à ceux qui nous ont donné le jour. L'idée de la Beauté est tellement liée à celle des Fleurs, qu'il est presque impossible de les séparer.

Le langage des Fleurs est connu pour ainsi dire de tous les peuples ; les unes sont consacrées à de tendres et douloureux souvenirs, servant d'aliment à la mélancolie ; d'autres, et c'est le plus grand nombre, rappellent des idées de gloire et de bonheur, ou composent une langue mystérieuse à

1.

l'usage des amans ; chez les Turcs, les Fleurs sont les interprètes des sentimens amoureux. Un Bouquet composé de diverses Fleurs assemblées avec art, comme il est expliqué dans le cours de cet ouvrage, forme entre deux amans une correspondance aussi intelligible que véritable de leurs sensations réciproques. Le roi saint Louis avait pris pour devise une marguerite et des lis, par allusion au nom de la reine son épouse et aux armes de France. Saint Médard institua le prix le plus touchant que la piété ait jamais offert à la vertu, une couronne de roses pour la fille du village la plus modeste, la plus soumise à ses parens, et la plus sage. Les prêtres égyptiens présentaient à ceux qui venaient dans leurs temples une roue qu'ils faisaient tourner rapidement, et des Fleurs : par la roue, ils voulaient faire souvenir de l'instabilité des choses humaines, et par les Fleurs ils rappelaient la brièveté de la vie. C'est au roi René que l'on doit la culture de l'œillet ; le grand Condé, étant prisonnier à la Bastille, s'amusait à cultiver cette Fleur. La nourrice de Rebecca fut enterrée sous un saule, auquel on donna depuis le nom de saule pleureur.

A Rome, on fait avec des Fleurs de grands tableaux d'histoire représentant des martyrs ; la toile est percée d'une infinité de trous où l'on fait passer les queues des Fleurs ; elles sont rangées et découpées avec tant d'art, qu'elles imitent à s'y méprendre des figures humaines ; derrière la toile sont placées des vases où trempent les queues des Fleurs. Si nous jetons les yeux sur ce globe immense, nous ne nous lasserons point d'admirer la magnificence de la création : parmi les moissons qui nourrissent l'homme ; entre les vignes dont les fruits réparent ses forces et charment ses ennuis ; au pied des arbres qui lui prêtent leur ombrage, la Providence, ainsi qu'en un jour de fête, créa la nation des Fleurs, comme si elle eût voulu embellir le séjour momentané de l'homme sur la terre. O grand Dieu, que tes œuvres sont admirables !

On voit par la nomenclature de comparaisons et d'anecdotes puisées dans les auteurs les plus recommandables, tels que Mme de Genlis et autres, que l'homme a partout mêlé à sa joie, à sa tristesse, à ses plaisirs, à ses travaux, à sa parure, à sa religion, les Fleurs ! les Fleurs, le plus bel attribut de la Nature, comme la femme est le plus bel ouvrage de la Divinité !...

Nous nous arrêtons là, Mesdames, car les plus grandes phrases ne sont pas toujours les meilleures ; un plus long discours deviendrait superflu : nous n'avons eu pour but, en soumettant cet ouvrage au jugement du public, que de l'amuser ; c'est surtout à vous, sexe charmant, que ce recueil est destiné, c'est à vous que nous le dédions : recevez donc le juste tribut que nous payons à votre beauté ; et puisse la faible représentation que nous en donnons ici vous être agréable ! c'est le vœu le plus sincère que nous puissions former.

Pour nous rendre plus intelligibles, nous avons divisé l'ouvrage par chapitres, dans lesquels nous expliquons avec le plus de clarté possible l'origine et la signification de chaque fleur, son usage et son utilité, son histoire, d'après les auteurs anciens et modernes, son symbole et son attribut ; enfin son langage, les oracles ou horoscopes que l'on peut en tirer pour les deux sexes, etc. etc. Qu'il nous soit permis, avant de terminer notre Avant-Propos, de reproduire les vers charmans de l'inimitable Delille, dans son poëme des *Jardins :*

Fleurs charmantes, par vous la Nature est plus belle ;
Dans ses brillans travaux l'art vous prend pour modèle :
Simples tributs du cœur, vos dons sont chaque jour
Offerts par l'Amitié, hasardés par l'Amour.
D'embellir la Beauté vous obtenez la gloire ;
Le laurier vous permet de parer la Victoire :
Plus d'un hameau vous donne en prix à la pudeur ;
L'autel même où de Dieu repose la grandeur
Se parfume au printemps de vos douces offrandes,
Et la Religion sourit à vos guirlandes.

LANGAGE DES FLEURS.

CHAPITRE PREMIER.

Origine des Fleurs, et leur signification.

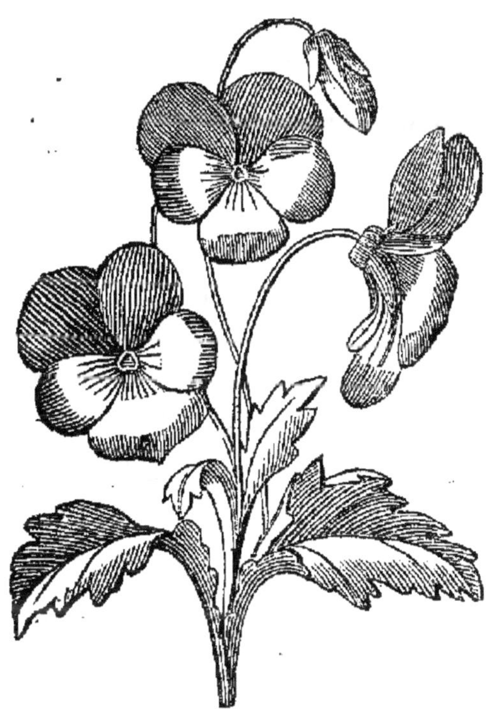

PENSÉE.

Fleur sans parfum, et si bien nuancée,
Les beaux-esprits m'appellent *la Pensée*.

Cette jolie plante est cultivée dans tous les
jardins. La Pensée charme autant nos yeux par
l'élégance de ses fleurs que par le velouté et la

vivacité de ses couleurs. On lui donnait jadis le nom de *Fleur de la Trinité*, par allusion à ses trois couleurs. Les Allemands passent pour aimer beaucoup la Pensée; ils l'emploient comme devise sur des bagues, sur des bonbonnières et autres jolis objets qui se donnent en cadeau.

Cette fleur agréable est l'emblème d'un souvenir expressif. *Je ne vous oublierai jamais.*

Douce Pensée, ornement du printemps,
Un jour voit naître et finir ton empire ;
Pensers d'amour que jeune fille inspire
Naissent plus vite et durent plus longtemps.

IRIS.

Le doux trésor que tu recèles
Donne ton secret à nos belles.

La Fable nous apprend qu'Iris était fille de Thaumas, fils de la Terre. Messagère de Junon, elle fut placée dans le Ciel par cette divinité pour prix de ses services. Selon les poëtes, c'est l'écharpe d'Iris que nous admirons dans l'arc-en-ciel. Son emploi particulier était d'abréger l'agonie des malheureux qu'une passion violente portait à se donner la mort.

Cette plante est originaire du Midi de la France. Les plus belles espèces nous viennent de Perse, d'Angleterre et d'Italie. Elle croissait en abondance sur les montagnes de la Macédoine; les Anciens avaient soin qu'elle fût cueillie par une personne chaste ; ils observaient à cette occasion une infinité de cérémonies superstitieuses. L'on trouve en Provence une sorte d'Iris appelée

OEil de Paon, parce que ses fleurs imitent l'espèce de disque qui se trouve sur la queue de l'oiseau de Junon. Cette plante est considérée, dans le langage des fleurs, comme le symbole de la Confiance et l'image de la Majesté.

Dans cet Iris un bel enfant respire,
J'y reconnais le fils du grand Pyrrhus;
Il cherche encor les regards de Phébus,
Il craint encor le souffle de Zéphire

TUBÉREUSE.

Trop de Tubéreuse et d'encens
Enivre la tête et les sens.

Un Français apporta cette plante de l'île de Ceylan; on en fait un grand commerce en l'rovence; on en fait aussi des envois dans toute l'Europe, surtout en Angleterre et en Hollande où elle est singulièrement recherchée. Les parfumeurs en font un grand usage dans leurs compositions. Peu de fleurs présentent à la fois plus d'élégance, des couleurs plus fraîches, un parfum plus exquis. Sa tige se termine par un superbe épi de fleurs blanches, et lavées de rose à leur sommet extérieur. Ses fleurs successives embaument l'air par leur odeur suave et pénétrante ; en France, elle fleurit en été et en automne ; au Pérou, elle croît sans culture et s'unit à la brillante Capucine pour orner le sein des ardentes Américaines.

Les Orientaux ont fait de la Tubéreuse l'emblème de la Volupté : toutes les espèces sont odorantes, mais cette odeur peut causer des accidens graves, et même asphyxier ceux qui la respireraient trop longtemps. C'est pour cette raison sans doute qu'on lui donne pour attribut la Volupté. L'auteur Rocher rapporte qu'une jeune personne devint folle pour avoir respiré trop vivement les parfums de cette fleur.

Que son odeur est douce et flatteuse ! mais évitons son danger.

> Sexe charmant,
> Usez-en
> Modérément.

MUGUET.

Le Muguet se cueille dans les bois, dans les buissons et dans les jardins, qu'il parfume par son odeur agréable. Cette plante doit être considérée, non sous le rapport des fleurs, mais sous celui du sens que l'on donne quelquefois au mot Muguet, en l'appliquant à un jeune homme léger en amour. Voilà pourquoi on en a fait le symbole de la Légèreté et de l'Indifférence : une jolie fable dit :

> Au siècle d'or, Muguet fut un berger
>> Des plus galans, des plus aimables ;
> Jeune fille jamais ne le vit sans danger :
>> Il en trouva peu d'intraitables.
>>> Force, grâces, beauté,
>>> Art des vers, éloquence,
>> Talent frivole, et pourtant si fêté,
>>> De se mettre avec élégance,
>>> Tout appartenait à Muguet ;
> Tout ce qui peut charmer, il l'avait en partage,
>>> Et, moins volage,
>>> Il eût été parfait.

CHÈVRE-FEUILLE.

> Vermeil en mon état naissant,
> Je deviens jaune en vieillissant.

Parmi les nombreuses espèces de Chèvre-feuille que l'on cultive, l'on peut citer entre autres celui d'Italie, connu depuis près de deux cents ans, qui donne des fleurs dans toutes les saisons. Son odeur est très-agréable. Comme le lierre, le Chèvre-feuille aime à s'attacher ; sans appui, il ramperait sur la terre : aussi est-il considéré comme l'emblème de l'*Hymen*. De même que l'on voit cette plante, dans sa jeunesse, enlacer de ses feuilles le chêne des forêts, de même aussi l'être le plus faible, la timide beauté, a besoin d'un protecteur, qu'elle ne peut trouver que dans un **hymen** assorti. Mais que ce choix est difficile à faire! écoutons ce que nous apprend la chanson :

> Il faut une prudence extrême
> Pour bien distinguer un amant ;
> Celui qui dit le mieux : « Je t'aime! »
> Est bien souvent celui qui ment.

Si cet arbrisseau est le symbole de l'*Hymen*, il est aussi celui de la *Délicatesse*. On peut lui appliquer cette devise :

> Je m'attache à vous, et je meurs
> Si vous me négligez.

HELLÉBORE (Rose de Noël).

L'Hellébore a le mérite de fleurir depuis décembre jusqu'à février. Nos ancêtres employaient la racine de cette plante pour guérir la folie. C'est pour cela sans doute qu'on en recommande l'usage aux poëtes. Un mauvais plaisant soutenait un jour à un des meilleurs poëtes lyriques du siècle de Louis XIV que tous les poëtes étaient atteints de folie ; celui-ci lui répondit par cette improvisation :

> J'en conviens avec vous,
> Oui, tous les poëtes sont fous ;
> Mais en voyant ce que vous êtes,
> Tous les fous ne sont pas poëtes.

Bel esprit est l'attribut de l'Hellébore.

ÉGLANTINE.

Je suis une simple fleurette,
Mais d'Iris j'orne la houlette.

L'Églantine est la fleur des poëtes. Ses piquans
sont l'emblème des difficultés qu'on éprouve
dans la poésie. Avant de cueillir une rose, que
d'épines il faut arracher ! ! ! L'Académie des Jeux
Floraux, à Toulouse, fondée par Clémence
Isaure, donne chaque année une Églantine d'or
à celui qui a remporté le prix de poésie, ainsi
proposé : « *Célébrer les charmes de l'Étude*
« *et ceux de l'Éloquence.* »
Les Arabes font sur cette fleur des comparai-

sons charmantes : ils croient voir en elle une jeune beauté, dont les attraits semblent d'autant plus piquans que sa parure est plus simple. Sa propriété en médecine est la même que celle de la Rose ordinaire.

Dès que nous viennent les chaleurs,
Zéphyr, de ses ailes légères,
Ouvre le calice des fleurs
Et le corset de nos bergères.

GRENADIER.

Symbole peu commun des sincères amis,
Mon fruit donne encor plus que ma fleur n'a promis.

Cet arbuste est originaire de l'Afrique, mais il croît en Espagne et en Italie. Il est toujours vert, et ses feuilles ressemblent à celles du Myrte. En France, on ne le cultive que pour sa beauté et son coup d'œil, parce que cette fleur n'a pour elle que son aspect. Des méchans l'ont comparée à certains hommes infatués de leur mérite et qui veulent partout se faire remarquer. D'après ce motif, la Grenade est l'emblème de la Fatuité ; la Fatuité est compagne de la Sottise, et nuisible parfois.

Darius, roi de Perse, était lié de la plus étroite amitié avec Mégabyse. Un jour que ce prince ouvrait une Grenade, on lui demanda de quelle manière il voudrait changer tous les grains, en supposant qu'il en eût le pouvoir : « En autant de Mégabyse, répondit-il » ; trait charmant, dont les maris pourraient profiter pour adresser une galanterie à leurs femmes. La Grenade annonce une *grande* ambition : L'Inquiétude est encore l'attribut du Grenadier.—*Mon cœur est dévoré d'amour et d'inquiétude.*

Cœurs sensibles, cœurs fidèles,
  Qui blâmez l'amour léger,
Cessez vos plaintes cruelles ;
  Est-ce un crime de changer ?
Si l'Amour porte des ailes,
  N'est-ce pas pour voltiger ?

ROSE.

Ma Rose est la reine des fleurs ;
Ma Rose est la reine des cœurs.

On cultive une si grande quantité de variétés de Roses, qu'il est presque impossible d'en re-

2.

connaître les espèces. On en compte plus de cent ; mais en France l'on cultive et l'on recherche principalement celles à cent feuilles, celles de Provins et celles de Damas. L'on peut dire, sans crainte d'altérer la vérité, que la Rose tient le premier rang parmi toutes les fleurs, et qu'elle mérite à juste titre le nom de *Reine des Fleurs*. Ce nom seul réveille dans notre âme les idées les plus séduisantes, les souvenirs les plus délicieux. Nous réitérons encore, sexe aimable, qu'il est impossible de décrire toutes les espèces de Roses qui décorent nos jardins, nos bosquets, nos salons, que l'on retrouve partout, sur le sein des belles, jusque sur leur tête. Enfin la Rose personnifie les Dames, comme le Bouton personnifie les Demoiselles.

La Rose embellit tous les lieux qu'elle habite ; elle est la parure la plus brillante de la nature et l'image la plus pure de la Douceur et de la Beauté ; mais, hélas ! son existence est éphémère ; elle fleurit le matin pour se faner le soir. Cette belle fleur est l'emblème consacré des Grâces, le symbole et l'image de la Volupté.

A mes yeux, vous serez toujours belle.

Lorsque Vénus, sortant du sein des mers,
Sourit aux Dieux charmés de sa présence,
Un nouveau jour éclaira l'univers ;
Dans ce moment, la Rose prit naissance.

ROSE A CENT FEUILLES.

La Pomme à la plus belle, a dit l'antique usage ;
Un plus heureux a dit : La Rose à la plus sage.

Quand les peintres et les poëtes peignent les
Grâces accompagnant Vénus et l'Amour, ils
les représentent couronnées de Myrtes ; mais
ils les couronnent de roses lorsqu'elles suivent
Vénus. C'est presque toujours la Cent-Feuilles,
la plus belle des Roses, que les poëtes ont eu
en vue lorsqu'ils ont chanté cette fleur.

> La Femme me semble une Rose
> Qui naît au matin d'un beau jour,
> Et qui n'achève d'être éclose
> Que par le souffle de l'Amour.

ROSE SAUVAGE.

Le Rosier sauvage, nommé encore Eglantier,
est un arbrisseau qui pousse dans les haies et les
bois. Si la Rose avec ses épines est l'emblème
de l'Hymen, celle qui n'en a pas doit exprimer
une amie sincère. — La Rose musquée dénote
le *Caprice*, la légèreté d'esprit ;— la Rose pa-
nachée, l'*Amour trahi ;* — la Rose en bouton
signifie *Cœur innocent*, ignorant l'amour.

Lorsque la Rose blanche est desséchée, elle
a pour emblème : *Plutôt mourir que de perdre l'innocence.* Le Bouton du matin est flétri
le soir. De tout temps on a comparé une jeune
fille à un joli Bouton de rose.

> Aimable fleur, à peine éclose,
> Défiez-vous de Cupidon ;
> Il regrettera le Bouton
> Quand il aura fané la Rose,

TULIPE.

Moins j'ai de sœurs, plus on m'estime ;
Sur moi c'est la voix unanime.

Cette fleur nous peint à merveille la fierté; la
hauteur de sa tige, la forme de son calice, les
nuances de ses couleurs si multipliées, la font
comparer à la femme coquette qui fait mille frais
pour plaire, sans pour cela nous rendre heureux.

En Perse, la Tulipe est par sa couleur l'emblème des vrais amans. Qu'un jeune homme présente une Tulipe à sa maîtresse, c'est absolument
comme s'il lui disait en bon persan : *Si vous ne
partagez point ma flamme, mon cœur sera*

consumé. Pour qu'une Tulipe soit belle, il faut que sa forme soit bien ovale, que ses couleurs ne soient point brouillées; son calice doit être de moyenne grandeur, le panaché traversera la feuille.

On offrait autrefois cette fleur à une jeune personne pour lui déclarer son amour, et dans le calice de la fleur on glissait un billet, interprète des sentimens de celui qui la donnait.

> Mais quelle est cette fleur nouvelle
> Qu'un papillon vient caresser ?
> Aux couleurs dont elle étincelle,
> La Tulipe a su le fixer !
> La Violette qui se cache,
> Vainement embaume les airs ;
> C'est à l'éclat seul qu'il s'attache,
> Et l'homme est peint dans ce travers.

LIS.

> Tel l'or pur étincelle au milieu des métaux,
> Ainsi brille le Lis parmi les arbrisseaux.

Le Lis est originaire de la Syrie et de la Palestine ; ses fleurs sont grandes, d'un blanc éclatant, et ne se développent pas toutes ensemble; elles sont nombreuses, et rangées en épi à l'extrémité de la tige; elles sont belles et odorantes, représentant en quelque manière une cloche ou une corbeille. On le cultive pour servir d'ornement, à cause de sa beauté et de sa bonne odeur.

Le Lis fut consacré à la France : les rois de la première race portaient un bouclier semé d'une multitude de fleurs de Lis (ou fer de lance) ; c'est sous Charles V que le nombre de ces fleurs fut réduit à trois. Les Lis les plus remarquables sont le *martagon*, le *superbe* et le *pompon*. Aux temps les plus reculés, il jouissait d'une grande vénération.

On trouve différentes variétés de cette fleur soit en France, soit dans le Nouveau-Monde. Le Lis jaune dénote l'*Inquiétude*, et le rose la *Vanité*.

> Noble fils du Soleil, le Lis majestueux,
> Vers l'astre paternel, dont il brave les feux,
> Elève avec orgueil sa tête souveraine :
> Il est le roi des fleurs, dont la Rose est la reine.

ANÉMONE.

> Fleur charmante de l'Anémone,
> Ton aspect est bien monotone !

Cette fleur est originaire des Indes.

Les jeunes filles des campagnes sont persuadées qu'il est dangereux pour elles de respirer l'air des vallées où vient cette plante, parce que, disent-elles, elle peut vous jeter un sort : elles croient aussi que l'Anémone possède la fatale vertu d'enflammer le cœur et les sens ; mais les séduisantes Parisiennes ne sont point superstitieuses à ce point ; elles cultivent cette fleur sans crainte et sans danger : elles savent par expérience qu'on ne meurt pas du mal d'amour. Il y a trois espèces de cette plante, qui ont chacune une signification différente. L'Anémone des fleuristes est l'attribut de la *Candeur* et celui de l'*Abandon*. L'Anémone *hépatique*

est l'attribut de la *Confiance*, et l'Anémone
des prés signifie *maladie*.

Ovide dit que l'Anémone tire son origine du
sang d'*Adonis*.

La Terre avec douleur boit les flots réunis
Des larmes de Vénus et du sang d'Adonis :
D'une Rose soudain la terre se couronne,
Et près d'elle s'élève une folle Anémone.

BALSAMINE.

Quand je vieillis et perds mes agrémens,
Ma graine amuse encore les enfans.

Cette plante est originaire de l'Inde.
Quand la capsule de la Balsamine est mûre,

cette plante lance en se contractant, ou dès qu'on la touche, les graines qu'elle contient, d'où lui vient le surnom d'*impatiente* que lui donnent les pépiniéristes et les botanistes. Cette fleur figure très-bien au milieu des grandes plates-bandes des parterres ; on la mêle parmi les fleurs de la grande espèce. On recherche surtout les doubles rouges, violettes ou panachées. Le nom de cette plante lui a été donné du mot latin *Balsamun* (Baume), parce qu'en effet les anciens l'employaient dans la composition de certain baume.

Cette fleur est représentée comme l'emblème de l'*Impatience* et aussi de la *Constance*.

Souvent la pastourelle,
Loin de son jeune amant,
Se dit : M'est-il fidèle ?
Reviendra-t-il constant ?
Tremblante, elle te cueille.....
Sous son doigt incertain,
L'oracle qui s'effeuille
Révèle son destin.

ORANGER.

Sans art, ses rameaux précieux
Charment l'odorat et les yeux.

Cet arbre magnifique a été apporté de la Chine au commencement du quinzième siècle. Le premier pied cultivé en Europe le fut à Lisbonne, en Portugal ; il est sans contredit l'un des plus beaux arbres, tant à cause de la blancheur et de l'odeur suave de ses fleurs, que pour ses fruits couleur d'or et le vert éclatant de ses feuilles, dont il n'est jamais dépouillé.

Aucun des Orangers qui fixent notre attention à Versailles, à Saint-Cloud ou aux Tuileries, n'est à comparer á celui de la Chine; il est peut-être le plus grand arbre qu'il y ait au monde. Le fruit de l'Oranger est célèbre dans l'antiquité. La Fable dit à ce sujet que les pommes d'or qu'Hippomène lança dans l'arène pour vaincre Atalanthe à la course n'étaient autre chose que des Oranges. Par toute la France, la fleur de cet excellent fruit orne la tête des jeunes mariées, ce qui lui donnerait la signification de la chasteté.

L'Oranger est l'emblème de la Douceur; il est le symbole de la Générosité.

Accepte ce présent, Maîtresse aimable et belle ;
Qu'il parfume ton sein de ses douces odeurs ;
S'il fleurit tout le temps que je serai fidèle,
Ce bel arbre toujours te donnera des fleurs.

PRIMEVÈRE.

Ma fleur passe depuis longtemps
Pour messagère du printemps.

Il n'est peut-être personne qui n'ait remarqué les jolies fleurs jaunes de cette plante très-commune dans les prés, au printemps. Par la culture, on a obtenu un très-grand nombre de variétés simples ou doubles, formant les nuances les plus vives. C'est sous les frimats qui fécondent la terre en y concentrant la chaleur, que naît la Primevère. Naïve et confiante, elle laisse entrevoir bientôt de douces couleurs : aimable arc-en-ciel terrestre, elle annonce que la terre n'a pas perdu sa fécondité. Elle produit sur l'imagination l'effet d'une flûte champêtre au milieu de rochers arides et inhabités.

Ses fleurs ont la propriété de parfumer le vin, et ses racines la bière.

Son attribut signifie Première Jeunesse.

> Songes rians de la jeunesse,
> Que vous nous quittez promptement!
> Faut-il qu'une si douce ivresse
> Ne dure pas plus d'un moment !
> Age heureux où tout semble aimable,
> Où chaque objet offre un plaisir,
> Vif attrait, charme inexprimable,
> Le cœur s'épuise à te sentir.

RENONCULE.

Si je nais loin des grands, tout rit autour de moi ;
Tout vit dans nos hameaux sous l'amoureuse loi.

C'est aux soins d'un roi de France que nous devons cette plante, qui, par ses riches couleurs et son éclat, est regardée comme l'emblème de la Toilette. *Vous êtes brillante d'attraits et belle comme les Amours.*

> La Renoncule, un jour dans un bouquet,
> Avec l'OEillet se trouva réunie ;
> Elle eut, le lendemain, le parfum de l'OEillet :
> On ne peut que gagner en bonne compagnie.

ŒILLET.

En courtisan, comme en OEillet,
Le plus double est le plus parfait.

L'OEillet présente une infinité de couleurs :
le blanc nous peint la *Fidélité;* le ponceau,
l'*Horreur;* le jaune, le *Dédain;* le rose, une
Sensation; l'incarnat. la *Réciprocité;* le panaché, un *refus d'aimer.* C'est le roi René
d'Anjou qui le premier a enrichi la France de
l'OEillet et de la Rose rouge. Ovide, dans une
de ses charmantes *Métamorphoses,* donne à
cette fleur l'origine suivante : Diane, dans un
accès de mauvaise humeur, arracha les yeux à
un berger qu'elle rencontra en chassant; ne sa-

chant qu'en faire, et les trouvant fort jolis, elle les dispersa dans les champs. De ces germes sortirent des fleurs qui prirent le nom d'*OEillet* (*petit œil*), terme de *tendresse*.

Dans le langage des fleurs, l'OEillet de poëte est le symbole de la jalousie; l'OEillet rose, celui de l'amour vif et pur. Le grand Condé, dans sa retraite de Chantilly, s'amusait à cultiver des OEillets. A ce sujet Mlle de Scudéry fit les vers suivans :

En voyant ces OEillets qu'un illustre guerrier
Arrose d'une main qui gagna des batailles,
Souviens-toi qu'Apollon bâtissait des murailles,
Et ne t'étonne plus que Mars soit jardinier.

PERVENCHE.

Un arbrisseau lutte longtemps,
Et toujours cède au gré des vents.

Les Romains cultivèrent la Pervenche comme plante d'agrément ; elle est originaire de Madagascar. Cette plante mériterait de trouver autant d'admirateurs que l'humble Violette : modeste fleur, il lui suffit de border nos haies et de croître aux pieds des buissons. La Pervenche, emblème d'un doux souvenir, était la fleur favorite de J. J. Rousseau : chaque fois qu'une de ses fleurs s'offrait à ses regards, le cœur de cet homme sensible palpitait de plaisir ; elle lui retraçait une image et lui rappelait des temps heureux.

Sous un voile d'argent la terre ensevelie
Me produit, malgré sa fraîcheur ;
Elle me conserve la vie,
Tout mon éclat et mon odeur.

JASMIN.

Je trouve à cette fleur, dit le fils de Cypris,
L'haleine de ma mère, et moi celle d'Iris.

Le jasmin est originaire des Indes. Dans le royaume de Malabar, on en parfume les lits et les appartemens. Les jeunes Grecques en portent des couronnes entrelacées dans leur chevelure. Cet arbuste gracieux se fait remarquer par sa beauté et son parfum; aussi est-il le symbole de l'Amabilité. Nous croyons devoir appliquer au Jasmin cette devise : *Votre amabilité vous gagne tous les cœurs;* ou bien celle-ci : *Votre amabilité et votre bonté m'encouragent à vous déclarer mon amour.*

Les botanistes reconnaissent des Jasmins de différentes espèces et de diverses couleurs. Le jaune a pour emblème *Bonheur,* et celui d'Espagne *Sensualité;* le Jasmin de Virginie signifie *Séparation.— Le sort cruel va nous séparer.* Bernardin de Saint - Pierre, auteur de *Paul et Virginie,* parle ainsi du Jasmin :
« L'oiseau-mouche de la Floride préfère le Jas-
« min de la Virginie pour s'y retirer. Il fait son
« nid dans une de ses feuilles qu'il roule en cor-
« net, il trouve sa vie dans les fleurs rouges dont
« il lèche les glandes, il y enfonce son petit
« corps, qui paraît dans ces fleurs comme une
« émeraude enchassée dans du corail, et il y entre
« quelquefois si avant qu'il s'y laisse prendre. »

Profitons du jour serein
Que ranime la nature,

L'impénétrable destin
A caché le lendemain
Dans la nuit la plus obscure.
Loin de nous chagrin, tourment,
Inquiétude ennemie !
La saine philosophie
Est de voyager gaiement
Sur la route de la vie.
On n'y paraît qu'un instant ;
Je le donne à la folie,
Et je m'en irai content
Dans l'abîme où tout s'oublie.

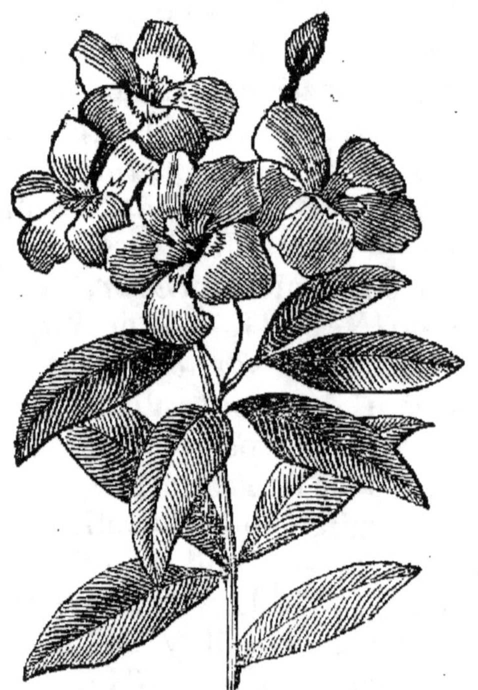

LAURIER-ROSE.

Au milieu des hivers, le Laurier tour à tour
Chez moi se mêle encore à la Rose d'Amour.

Le Laurier-Rose est un des plus beaux arbustes qui existent. Ses feuilles sont toujours vertes. A Paris, cet arbre d'ornement, qui se montre en juillet jusqu'en septembre, est tenu en caisse pour le garantir des froids trop rigoureux : il n'en est point ainsi dans le Midi ; on en forme des palissades qui offrent l'aspect le plus agréable lorsque l'arbre est en fleur : dans l'île de Candie, son bois sert à la construction des maisons, et en Barbarie, lorsqu'il est réduit en charbon, il est employé à la poudre à canon.

On lui donne pour emblème *Victoire et Triomphe*. Le Laurier-Rose est le symbole de la Beauté et de la Modération.

L'Amour et l'Amitié ne sont-elles pas les compagnes des Grâces ?

Il est aussi le symbole de la Gloire et du Génie. Les vainqueurs, de tous temps, ont été couronnés de Lauriers.

Chez les Anciens, le Laurier était principalement consacré à Apollon ; ils en ornaient ses temples et ses autels, parce qu'ils lui attribuaient la vertu de communiquer le génie poétique. On représentait les deux muses Clio et Calliope couronnées de Laurier.

Il est plus glorieux de maîtriser ses passions que de vaincre ses ennemis.

Vous dont la gloire est d'être belle,
D'un sexe aimable, jeune fleur,
Le Laurier-Rose est un modèle ;
Son éclat naît de la pudeur.

ANANAS.

Cette plante magnifique, qui croît dans les climats les plus chauds de la terre, se recommanderait par sa beauté seule, quand même son fruit ne serait pas exquis. Nous pouvons affirmer qu'aucune plante ne saurait avoir plus d'éloquence que l'Ananas : aussi est-elle l'attribut de la *Perfection*. Voltaire crut faire le plus bel éloge d'une nièce chérie, en la nommant *Belle* et *Bonne*.

Ce qui vous pare, ô riante prairie,
Ce qui vous prête à nos yeux des appas,
C'est qu'on a vu l'élégante Julie
Toucher vos fleurs de ses pieds délicats.

SERINGA.

Vous qu'on dit être si cruelle,
Prenez cette fleur pour modèle.

Cet élégant arbuste, connu de toute l'Europe, exhale absolument l'odeur de l'oranger. Ses fleurs blanches, d'un parfum délicieux, paraissent en juin. Leur odeur est si pénétrante que, dès qu'on l'a respirée, elle vous suit en tous lieux. C'est peut-être pour cette raison qu'on en a fait l'emblème de la *Mémoire*.

On distingue deux espèces de Seringa : l'odorant et l'inodore. Le premier est originaire de la Provence; le second nous vient de la Caroline.

Le Seringa est non-seulement le symbole de

la *Mémoire*, mais il est l'emblème de l'*Amour fraternel* et l'attribut du *Mépris*.

Symbole de douce allégresse,
Puisse ton feuillage amoureux
S'augmenter comme ma tendresse,
Et m'annoncer des jours heureux !
O ciel ! rafraîchis sa verdure ;
Printemps, renouvelle sa fleur :
Tous deux redoublez sa parure
Pour le moment de mon bonheur.

OREILLE-D'OURS.

Lorsqu'on me regarde au rebours ,
On m'appelle l'*Oreille-d'Ours*.

Cette fleur, quoi qu'on en dise , est très-agréable par la variété de ses espèces, la beauté de ses couleurs, l'odeur suave de ses fleurs, et par la durée de ses boutons. Son nom lui vient de la ressemblance de ses feuilles avec l'oreille d'un ours. Nous en devons la première culture aux Flamands.

Cette fleur est recherchée par sa bizarrerie ; il y en a dont chaque tige offre un grand nombre de clochettes brillantes, satinées ou richement parées. Les amateurs ainsi que les botanistes appellent *œil* cette petite raie qui se trouve au milieu de la fleur, sur son tuyau.

On donne à cette fleur plusieurs significations : d'abord elle est regardée comme l'emblème de la *Séduction;* ensuite elle exprime toutes les *contrariétés* de l'*Amour* et les *incertitudes de l'Amitié.*

Au rapport de plusieurs auteurs, l'Oreille-d'Ours exprimerait encore l'Ivresse.

Peuple de qui la Marne aime à baigner les champs,
Et de la Côte-d'Or fortunés habitans,
Qu'aux coups de vos maillets vos tonnes retentissent;
Sur leurs flancs arrondis que les cercles s'unissent :
Je vois du char vineux descendre vos trésors,
Et la rouge vendange écumer à pleins bords.

OLIVIER.

L'Olivier était en très-grande vénération chez les anciens Grecs ; ils en couronnaient les vainqueurs aux jeux Olympiques. Neptune et Minerve s'étant disputé à qui donnerait un nom à la ville d'Athènes, nouvellement bâtie, Jupiter, maître des dieux, afin de les mettre d'accord, décida que celui des deux qui ferait le don le plus précieux à cette ville aurait la préférence : au mê-

me instant, Neptune frappa la terre de son tri-
dent, et en fit sortir un cheval, emblème de la
Guerre; Minerve fit naître l'Olivier, symbole
de la *Paix.* Ce fut elle qui eut l'honneur de
donner un nom à cette célèbre cité.

Les Grâces, la Concorde et la Joie se paraient
de feuilles d'Olivier, ainsi que la Douceur et la
Clémence.

De la céleste cour le monarque suprême
Au Chêne décerna l'empire des forêts ;
Minerve à l'Olivier dit : Tu seras l'emblème
    De l'Abondance et de la Paix.

SOUCI.

Du souci la belle couleur
N'en fait pas oublier l'odeur.

Le Souci est l'emblème des chagrins de l'âme ;
cependant on peut modifier cette triste signification. Marié à la Rose, il n'est que l'expression des peines de l'amour; tressé avec d'autres fleurs, il représente la chaîne de la vie,
entremêlée de biens et de maux.

Dans l'Orient, des Soucis mêlés à des pensées
veulent dire : *Je calmerai vos peines.* Le
Souci est aussi le symbole des chagrins et du tourment; il est dit dans un ouvrage moderne qu'une
fleur de cette plante, exposée à un miroir ar-
dent qui reçoit les rayons du soleil et qui les
réfléchit sur elle, porte cette devise un peu
compliquée et faite pour exprimer la jalousie:
Je meurs parce qu'il la regarde.

Cette plante rappelle encore un mot touchant

d'un jeune prince qui, ayant mêlé quelques Soucis dans un bouquet destiné à sa mère, les arracha en s'écriant : « N'en as-tu pas assez d'ailleurs ! »

Tu vois l'ami de Flore errant dans un parterre
  Auprès de toi avec dédain ,
Et la beauté jamais de ta fleur solitaire
  N'a paré sa tête ou son sein.

FRÉTILLAIRE (Couronne impériale).

Le véritable amour est toujours délicat,
  Sa plus légère fleur a pour nous de l'éclat.

Cette fleur, dite *Frétillaire, Couronne Impériale*, est originaire de Perse. Au quinzième siècle, elle fut apportée de Constantinople à l'empereur Maximilien II par des ambassadeurs qu'il y avait envoyés. On cultive trois principales espèces de Frétillaire ; l'une d'elles porte le nom de *Damier*, parce que ses fleurs sont parsemées de taches blanches ou jaunes, rouges ou pourpres, qui ressemblent aux carreaux d'un damier; quant à la troisième espèce, c'est la *Couronne Impériale*. Napoléon avait pour cette fleur une prédilection toute particulière. D'après quelques auteurs, elle est l'emblème de l'Ambition et celui de la Présomption : on lui donne aussi pour attribut la *Fierté*.

La fierté n'appartient à personne, elle rend ridicule, et elle devrait être bannie de la société.

Cette fleur, disposée en couronne, dénote *Prépondérance*, *Puissance* ; *Charmante Isabelle*, vous avez le *pouvoir* de me *rendre du bonheur*. Cette jolie plante est cultivée dans les plus simples jardins.

C'est en vain qu'au Parnasse un téméraire auteur
Pense de l'art des vers atteindre la hauteur;
S'il ne sent point du ciel l'influence secrète,
Si son astre en naissant ne l'a formé poëte,
Dans son génie étroit il est toujours captif,
Pour lui Phébus est sourd et Pégase est rétif.

ACACIA.

Il y a un siècle que les forêts du Canada nous ont cédé ce bel arbre, qui déploie dans les bocages son ombre légère et ses fleurs odorantes ; sa fraîche verdure semble y prolonger le printemps. Les sauvages de l'Amérique ont consacré l'Acacia aux chastes amours. Ces enfans du désert ne savent pas exprimer leurs sentimens par des mots, mais ils en trouvent l'expression dans une branche d'Acacia fleuri que la jeune fille reçoit en rougissant. Cet arbre est le symbole d'un amour éprouvé.

La coquette parfois pardonne à l'inconstance;
    Brûlant d'une pudique ardeur,
Femme à grands sentimens pardonne à l'impuissance;
    Femme à caprice, à la laideur.

GIROFLÉE.

Simples tributs du cœur, vos dons sont chaque jour
Offerts par l'amitié, hasardés par l'amour.

Il y a plusieurs espèces de Giroflée : la *jaune* signifie fidélité au malheur; celle des jardins exprime une beauté durable. La Giroflée est cultivée depuis Charlemagne : dans un capitulaire ou ordonnance, il recommande la culture du Lis, des Roses et de la Giroflée. Elle est toujours restée belle aux yeux des amateurs, malgré l'antiquité de sa culture. Cette fleur est le symbole de l'Ennui selon les uns, de la Simplicité selon d'autres : on eût pu en faire aussi l'emblème de l'Attachement, car les Anciens croyaient qu'un pied de Giroflée placé sur une fenêtre se fanait à la mort des maîtres de la maison, si l'on ne prenait soin de le changer de place. D'après les recherches que nous avons faites, nous pouvons dire que la Giroflée est aussi le symbole du Dépit.

> Sans faste et sans admirateur,
> Tu vis obscure, abandonnée,
> Et l'œil cherche encore ta fleur
> Quand l'odorat l'a devinée.
> Sous les pieds ingrats des passans
> Souvent tu péris sans défense;
> Ainsi sous les coups des méchans
> Meurt quelquefois l'humble innocence.

BELLE-DE-JOUR, BELLE-DE-NUIT.

> Si je sais voiler mes appas,
> C'est que la nuit ne me sied pas.

On donne le nom de Belle-de-Jour aux plantes dont les fleurs s'ouvrent le matin et se ferment à l'approche de la nuit. Au contraire, les fleurs de la Belle-de-Nuit ne supportent ni l'éclat du jour, ni la chaleur du soleil; elles se ferment le matin pour s'ouvrir le soir, au soleil couchant.

Elle est le miroir fidèle d'une petite maîtresse : le jour l'offusque ; mais vient-il à décliner, elle étale alors toutes ses richesses et se fait admirer par ses grâces et ses atours. On trouve en Suède et en Allemagne une plante qui porte le nom de Noctiflora, et qui ne commence à s'épanouir qu'à six heures du soir.

La Belle-de-Jour est le symbole de la Coquetterie, signifiant que la coquetterie est un grand défaut dans la jeunesse et un ridicule dans la vieillesse. La Belle-de Nuit est l'emblème de la Timidité. *Votre timidité ajoute encore à vos charmes.*

> Les fleurs sont les plaisirs du sage ;
> Elles enchantent les amans
> Qui se servent de leur langage.
> De cet art aimable et coquet
> La beauté n'est point offensée,
> Et souvent son âme oppressée
> Confie aux couleurs d'un bouquet
> Les doux secrets de sa pensée.

LILAS.

Fleurs charmantes, par vous la nature est plus belle ;
Dans ses brillans travaux, l'art vous prend pour modèle.

Le Lilas, originaire des Grandes-Indes, s'est acclimaté en Europe. Il est aussi agréable à la vue qu'à l'odorat, et fait l'ornement de nos bosquets. On trouve du Lilas sauvage dans les haies et dans les bois. Cette fleur a été choisie pour l'emblème des premières émotions de l'amour, parce qu'il annonce le printemps, la plus gracieuse des saisons, saison des tendres aveux, qui rappelle ce bel âge de la vie où l'homme ne sait pas tromper, où l'amant aimé croit qu'il le sera toujours. Celui qui n'a jamais connu l'amour, l'homme blasé qui préfère les longues nuits de l'hiver au sourire du printemps, ceux-là n'auront aucune idée de la douce émotion qu'on éprouve à revoir les Lilas. Combien l'âme est ravie !

Il y a des Lilas bleus, blancs et pourpre foncé. Ils montent d'ordinaire à la hauteur de vingt pieds. Lorsque dans le printemps, la nature ouvre son sein pour enchanter nos regards, le Lilas blanc, étendant ses branches, produit à leurs extrémités des panaches de fleurs argentées qui offrent le plus beau coup d'œil ; mais le Lilas pourpre nous plaît encore davantage par le nombre de fleurs qu'il donne, par ses touffes qui sont plus pressées, et par l'attrait de ses belles couleurs.

> Linas, de la plus belle fleur
> A mes yeux vous êtes l'image ;
> Vous avez son éclat, vous avez sa fraîcheur,
> Mieux qu'elle vous fixez le papillon volage.
> Mais la beauté passe dans quelques jours,
> Alors adieu zéphyrs, adieu tendre caresse ;
> Votre bonté, votre douce sagesse,
> Comme nos cœurs, vous resteront toujours.

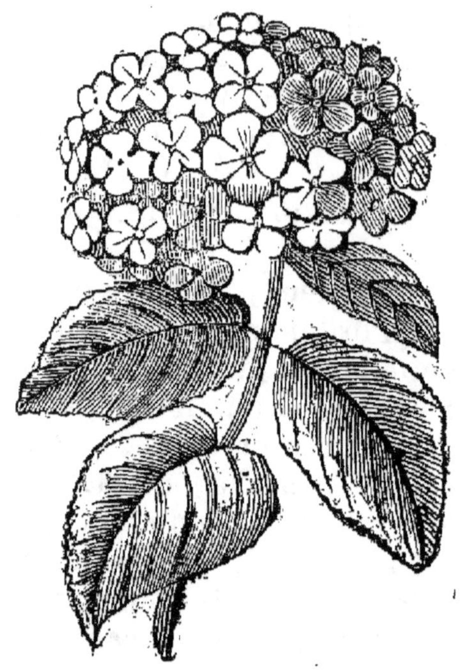

HORTENSIA.

Jé suis belle ; un artiste habile
Par ses soins sait me rendre utile.

L'Hortensia doit son nom à la reine Hortense, alors reine de Hollande. Cette fleur n'est connue que depuis peu de temps en Europe. Dès qu'elle parut en France, il ne fut pas un amateur qui ne briguât l'honneur d'en parer son jardin. Aujourd'hui son règne est tout à fait passé : cependant peu d'arbustes d'ornement sont plus intéressans que lui. Longtemps avant nous, les Chinois faisaient le plus grand cas de cet arbrisseau ; on trouve ses fleurs figurées sur presque toutes les étoffes et sur les papiers qui nous viennent de ces contrées.

Après avoir fait l'ornement des plus jolis parterres, après avoir été la fleur privilégiée, elle
s'est vue tout à coup délaissée. O vicissitudes des
choses humaines ! Aussi elle signifie l'Indifférence, et prouve que la beauté perd de son mérite,
si l'esprit n'y est pas joint.

> Règne aujourd'hui par tes attraits,
> O fleur qu'un goût volage encense !
> Jouis de tes brillans succès,
> Mais redoute notre inconstance :
> Pour fixer nos regards séduits,
> Les diverses métamorphoses,
> Tour à tour nous offrent les *Lis*,
> Les *Violettes* et les *Roses*.

HÉLIOTROPE.

> Elle a donné des sens à la Sagesse
> Et des désirs à la Jeunesse.

L'histoire des fleurs mentionne deux Hélio-
tropes, mais on préfère celui qui nous vient
du Pérou, à cause de la douce odeur d'a-
d'amande et de vanille qu'exhalent ses jolies petites fleurs. Cette plante tire son nom de ce
que ses fleurs se tournent toujours du côté du
soleil. Les dames de Paris mirent l'Héliotrope
à la mode, et le nommèrent *Herbe d'Amour*.
Avec un tel nom, il n'y avait pas à douter qu'il
ferait fortune ; effectivement il fut bientôt ré-
pandu dans toute l'Europe.

Ovide, que l'on aime toujours à citer pour ses
fables ingénieuses, nous apprend que Clytie,
fille d'Orchame, roi de Babylone, fut aimée
d'Apollon, qui depuis l'abandonna pour sa sœur

Leucothoée. Sa douleur fut si grande, qu'elle se laissa mourir de faim. Apollon, touché de son funeste sort, la métamorphosa en Héliotrope. Cette plante signifie *enivrement d'amour*, et veut dire aussi *abandon*.

Voyez ici la jalouse CLYTIE,
Durant la nuit se pencher tristement,
Puis relever sa tête appesantie
Pour regarder son infidèle amant.

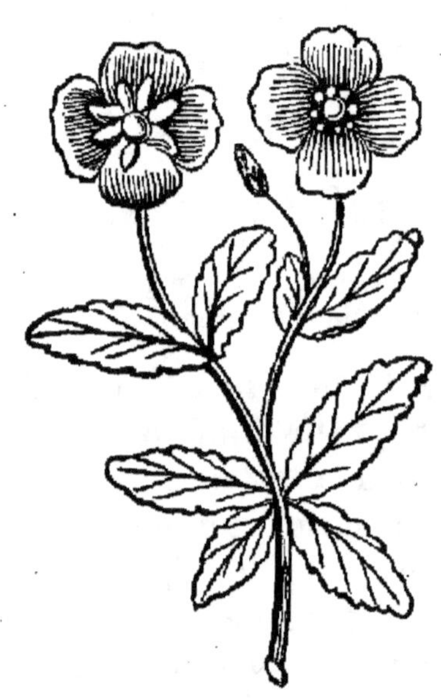

KALMIE.

Vous avez beau charmer, vous aurez le destin
De ces si fraîches fleurs, ne vivant qu'un matin.

La Kalmie vient naturellement dans les bois humides et ombragés de l'Amérique septentrionale. Pierre Collinson l'apporta en Angleterre, d'où elle fut ensuite introduite en France.

Les fleurs de la Kalmie passent pour être nuisibles aux chevaux et aux brebis. Elle est le symbole de la *Croyance;* son attribut est Gémissement.

> L'automne a fui ; dans nos vallées
> L'hiver ramène les frimas ;
> Déjà les Grâces, désolées,
> Ont cessé d'y porter leurs pas.
> En nous quittant, Flore te laisse
> Pour nous consoler des beaux jours.
> Ainsi quelquefois la vieillesse
> Dérobe une fleur aux amours.

AUBÉPINE.

Quand on voit cette fleur, et qu'on voit Célestine,
Chacun dit : « Il n'est point de rose sans épine.

Ce charmant arbrisseau est indigène, et s'élève quelquefois à trente pieds de hauteur ; ses fleurs blanches et d'une odeur suave offrent aux jeunes filles de plus grandes tentations que les épines de ses branches ne leur inspirent de crainte ; il en résulte que bien souvent de petits doigts indiscrets s'y piquent.

En France, lorsque la douce odeur de l'Aubépine parfume l'atmosphère dans un beau jour de printemps, elle répand la joie dans tous les cœurs, parce qu'elle nous annonce que l'hiver a fui devant les rayons bienfaisans du soleil. On rapporte que les Romains plaçaient, le jour du samedi-saint, une branche de ce bel arbuste sous les fenêtres de chaque maison. Beaucoup de gens croient encore que l'Aubépine gémit le vendredi‑saint, et d'autres ont la croyance qu'en parant leur chapeau d'un bouquet de cette fleur ils se garantiront de l'orage.

Espérance, Prudence et Sincérité, tels sont les attributs de l'Aubépine.

M'est-il permis d'espérer ?

  La douce haleine du printemps
Vient de réveiller la nature ;
Les bois revêtent leur parure,
Et l'hiver, avec ses autans,
Ses noirs frimas et sa froidure,
Fuit sur l'aile des ouragans.

RÉSÉDA.

Du Réséda la fleur est comme vous, Julie,
Élégante, modeste, agréable et jolie.

On attribuait à cette jolie plante la vertu d'apaiser les douleurs. Voilà, à ce qu'on prétend, d'où lui vient le nom de Réséda (*sedare*, calmer). Il y a un siècle qu'il nous a été apporté de la Barbarie, et depuis il a été constamment recherché et cultivé avec soin : l'offrir à quelqu'un dont les qualités surpassent les charmes, c'est lui dire qu'on a su les apprécier.

Le Réséda ne lasse jamais nos regards ; il est la parfaite ressemblance de ces personnes aimables que le temps ne semble point vieillir, qui n'eurent jamais l'éclat de la beauté, mais auxquelles on s'attache toujours dès qu'elles ont su une fois vous charmer et vous plaire.

Cette plante est l'emblème du Mérite modeste.

Aimer est un plaisir charmant,
C'est un plaisir qui nous enivre

Et qui produit l'enchantement.
Avoir aimé, c'est ne plus vivre,

IMMORTELLE (dite Bouton-d'Or).

Ma beauté n'est pas admirable,
Mais elle est plus : elle est durable.

Cette fleur est celle de l'amitié et le symbole
des œuvres du génie. Elle est ainsi nommée
parce qu'elle est inaltérable dans sa forme et
dans ses couleurs. Elle subsiste pendant plusieurs
années sans se faner ni se décolorer. Les
autres fleurs, brillantes d'éclat, se dessèchent
après quelques jours d'existence et disparaissent
à nos yeux, tandis que l'Immortelle reste tou-

jours la même. Cette plante est originaire d'A-frique.

Il y a des Immortelles à fleurs blanches et violettes, qui font en automne l'ornement de nos jardins, ainsi que l'Immortelle jaune, originaire d'Orient et d'Espagne, d'une beauté sans égale et d'une odeur agréable. Les dames la placent dans leurs cheveux. Les Portugais en ornent les chapelles de leurs églises ; chez nous, on en décore les tombeaux, afin de rappeler les souvenirs de ceux qui nous ont été chers. Cette fleur exprime ou signifie : *Ma constance sera éternelle ;* mais cette constance dure le plus souvent moins que la fleur ; cependant les souvenirs de l'Amitié ne devraient jamais s'effacer.

L'Amour est cette fleur si belle
Dont Zéphire ouvre les boutons ;
Mais l'Amitié, c'est l'Immortelle,
Que l'on cueille en toutes saisons.

AMANDIER.

Ils sont passés ces jours où tu disais : La vie,
C'est toi, c'est toi le dieu dont mon âme est ravie !

L'Amandier est un arbre d'une moyenne grandeur. Il est originaire de l'Asie ; il paraît le premier au commencement du printemps, mais les gelées tardives lui sont quelquefois contraires, et alors les germes précoces de ses fruits disparaissent. La Fable nous rapporte au sujet de cet arbre une aventure assez singulière. Voici ce qui arriva :

Démophon, fils de Phèdre et de Thésée, revenant du siége de Troie, fut le jouet d'une tempête furieuse qui jeta son vaisseau sur les côtes de Thrace où régnait alors la jeune et belle Phyllis. Cette princesse le reçut avec les plus grands égards. O Amour, Amour ! un seul de tes regards nous enflamme !... La tendre Phyllis ne put voir Démophon sans en être éprise, et bientôt ils devinrent époux.... Après quelque temps d'hyménée, Démophon, obligé de s'absenter, promit à sa jeune compagne un prompt retour. Mais, hélas! il n'appartient pas à l'homme de calculer l'avenir. Phyllis, impatiente de ne point voir revenir son mari, se rendait tous les jours sur le port, afin de découvrir le navire qui devait le lui ramener. Trompée dans ses espérances, un chagrin mortel s'empara de ses sens, et elle succomba à sa douleur. Les Dieux la changèrent en Amandier.

Démophon revint ; instruit de son malheur, il en fut inconsolable. Il offrit à Jupiter un sacrifice sur le lieu même où sa bien-aimée avait expiré. Au moment d'invoquer les mânes de son épouse chérie, l'Amandier s'agita et fleurit tout à coup.

Cet arbuste a pour signification l'*Étourderie*. Ce défaut, tout léger qu'il paraît à nos yeux, suffit souvent pour flétrir la fleur de l'innocence.

O toi, qui sept fois dois renaître
Avant que nos nœuds soient formés!
Arbre chéri, pour toi peut-être
Souvent nous serons alarmés!
A l'aspect du moindre nuage,
Nous tremblerons pour ton destin ;
Nous croirons voir naître l'orage,
Même au milieu d'un jour serein.

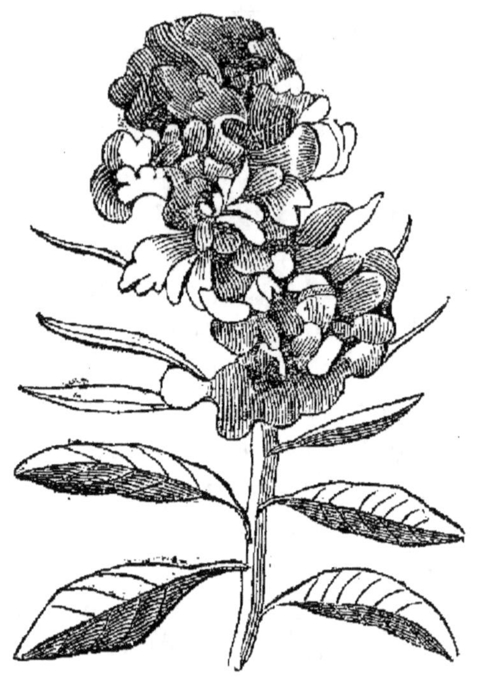

AMARANTHE.

Si ma beauté n'est pas piquante,
Elle est du moins mâle et constante.

Amaranthe, en grec, signifie inflétrissable.
Parmi la foule d'Amaranthes connues, on donne la préférence à la tricolore, originaire des Indes, remarquable par ses feuilles rayées d'écarlate, de jaune et de vert. A l'époque de l'arrière-saison, il n'est pas une plante de nos jardins qui puisse lui être comparée.

Cette plante a la même signification que l'Immortelle. La dernière mérite avec plus de raison ce titre, parce que sa fleur a une durée beaucoup plus longue que celle de la première.

Je t'aperçois, belle et noble Amaranthe !
Tu viens m'offrir, pour charmer mes douleurs,
De ton velours la richesse éclatante :
Ainsi la main de l'Amitié constante,
Quand tout nous fuit, vient essuyer nos pleurs.

SOLEIL, ou TOURNESOL,

Sans cesse ton fidèle amour
Te tourne vers l'astre du jour.

Avant la conquête du Pérou par les Espagnols, cette plante y était consacrée au soleil. Les vierges sacrées qui desservaient le temple de cet astre brillant, de qui tout émane, se couronnaient d'un Soleil les jours de fête.

On connaît deux espèces de Soleils ou Tournesols : celui à grandes fleurs et le Soleil vivace ; l'un nous vient du Pérou, et l'autre de Virginie. Les fleurs du grand Soleil sont tournées constamment vers le soleil ; c'est sans doute pourquoi on l'appelle vulgairement *Tournesol*. Non seulement il contribue à l'ornement des jardins, mais sa graine fournit encore une huile bonne à manger, et d'ailleurs elle sert de nourriture aux oiseaux de basse-cour. Cette plante est le symbole des *fausses richesses*. Un ancien adage nous dit que *bonne renommée vaut mieux que ceinture dorée*. Elle est aussi l'attribut de l'*Intrigue* et de l'*Ingratitude*.

Nous semons bien souvent des bienfaits pour recueillir de l'ingratitude.

LE VIEILLARD GALANT.

Chargé d'un siècle, Fontenelle
Fut agacé par fille en son printemps ;

Elle pensait que, vaincu par le temps,
Le feu sacré chez lui n'avait plus d'étincelle;
Mais le galant vieillard dit en fixant la belle :
Ah! si j'avais quatre-vingts ans !

JACINTHE.

Simple, chacun me croit vulgaire,
Et je me rends double pour plaire.

Les Turcs sont le peuple le plus curieux de cette belle plante. C'était autrefois une fête, un plaisir infini que de donner un nom à une Jacinthe nouvelle; on invitait à cette cérémonie tous les curieux du voisinage: chacun disait son avis ; les voix étaient recueillies, la pluralité l'emportait.

Ovide, déjà cité, parle ainsi de la Jacinthe :
Ulysse et Ajax se disputaient les armes d'Achille ;
elles furent adjugées au père de Télémaque.
Son concurrent, au désespoir, croyant qu'on lui
faisait une injustice, se perça de son épée ; les
Dieux le changèrent en Jacinthe, et depuis, les
Grecs crurent voir les lettres de son nom tracées
sur les pétales de cette charmante fleur.

Les botanistes s'accordent à dire que la Jacinthe est le symbole de la *Bienveillance*, à
cause, disent-ils, de son aspect agréable et de
sa douce odeur, deux choses qui plaisent dans
les fleurs, comme la candeur et la politesse plaisent dans le monde.

> N'attends pas les succès brillans
> Qu'obtient la Rose purpurine ;
> Tu n'es pas la fleur des amans,
> Mais aussi tu n'as pas d'épine.

MYRTE.

> Emblème de la vie, aimable et tendre fleur,
> De la jeunesse encor tu fais le vrai bonheur.

Cet arbrisseau, si joli, originaire d'Asie et
d'Afrique, a été consacré par les Anciens à l'A
mour et à Vénus. Il se plaît dans les pays chauds,
cela sert à expliquer d'une manière ingénieuse
l'offrande qu'on en faisait aux Dieux !

Les vainqueurs aux Jeux Olympiques rece-
vaient une couronne de Myrte. On en ornait les
statues des héros. D'après la Mythologie, il exis-
tait aux Enfers un bosquet de Myrte, dans lequel
erraient tristement les ombres amoureuses. Aujourd'hui les dames préfèrent l'odeur de cet

arbrisseau aux essences les plus précieuses ; elles se servent de son eau distillée pour parfumer leurs bains, parce qu'elles croient que l'arbre consacré à la beauté doit la conserver. Ce bel arbuste, lorsqu'il est fleuri, est l'emblème d'un amour trahi : outre cela, sa véritable signification est : *Amour tendrement partagé.*

Son immortelle verdure
Embellit tout l'univers,
Et lui prête une parure
Que respectent les hivers.

MARGUERITE.

Des fleurs simples je suis l'élite,
Et dois le sceptre à mon mérite.

La Reine-Marguerite nous a été envoyée de la

Chine. Cette charmante plante mérite le beau nom qu'on lui donne par l'état de ses fleurs et la variété de ses couleurs. Elle est l'emblème de la *Variété*; on la regarde aussi comme l'attribut de l'Amitié. « Je partage vos sentimens, disait un jour une dame à une de ses amies », en lui offrant une Marguerite. En effet, l'on ne peut disconvenir que l'Amitié rapproche les distances et confond les sentimens de deux personnes.

La Marguerite des prés ferait aussi l'ornement des jardins, si elle n'était pas si abondamment répandue dans les champs. Au moyen-âge, lorsqu'une noble dame refusait un preux chevalier pour amant, elle couronnait son front de Marguerites blanches, ce qui signifiait « je m'en *occuperai, j'y penserai.* » Aujourd'hui une jeune fille dont le cœur a parlé s'entretient souvent avec une Marguerite. C'est son oracle : d'une main tremblante, elle la cueille, et d'un doigt mignon, mais incertain, elle arrache un à un les blancs rayons de l'intéressante fleur, et prononce d'une voix mal assurée : « Il *m'aime*... un peu... beaucoup..... passionnément..... pas du tout. L'on doit penser que la fillette a soin de recommencer son jeu jusqu'à ce que la dernière feuille lui dise : *Passionnément.*

> Des mains de la Nature,
> Echappée au hasard,
> Tu fleuris sans culture
> Et tu brilles sans art.
> Telle qu'une bergère
> Oubliant ses appas,
> Sans apprêts tu sais plaire,
> Et ne t'en doutes pas.

NARCISSE.

Ne craignons pas le sort du jeune et beau Narcisse ;
Prenons notre miroir, il nous rendra justice.

La Fable raconte de la manière suivante les
aventures de Narcisse : Il était fils de Cé-
phise et de Lériope, et célèbre par sa beauté.
Toutes les Nymphes de l'Olympe ressen-
taient pour lui l'amour le plus vif et le plus tendre ; mais il était sourd à leurs sollicitations. l'on
n'aurait pu pousser plus loin l'indifférence
qu'il leur témoignait. La malheureuse Echo,
fille de l'Air et de la Terre, n'ayant pu lui plai:e,
vit ses charmes se flétrir par la douleur. N'ayant

pu toucher le cœur du bel indifférent, et s'en voyant méprisée, elle se retira dans les grottes, dans les montagnes, dans les forêts, où elle mourut de chagrin et de désespoir. Jupiter, touché de son malheur, la changea en rocher. Bientôt elle fut vengée. Un jour, le beau Narcisse revenant de la chasse, s'assit pour se reposer sur le bord d'une fontaine dans laquelle il se regarda avec un peu trop de complaisance ; il devint tellement épris de lui-même, qu'il sécha de douleur. Pour mettre fin à ses gémissemens, les Dieux le changèrent en la fleur qui porte son nom.

Cette plante est le symbole de l'Égoïsme. — L'égoïsme est un vice. Qui ne pense que pour soi, dit-on vulgairement, n'est pas digne de vivre.

Du sein de l'herbe il sort avec éclat
Un bouton d'or sur une longue tige,
Bordé de fleurs d'un tissu délicat,
Feuille d'argent qu'un léger souffle abat,
Plante agréable et de frêle existence,
Enfant de Flore à peu de jours borné,
Doux, languissant, symbole infortuné
De la froideur et de l'indifférence.

ANGÉLIQUE.

Sa douce fleur fuit l'éclat du grand jour.
En secret dans mon cœur je cache mon amour.

Cette grande plante est l'emblème de l'*Inspiration;* on pourrait lui donner aussi celui de l'*Extase.* Les anciens lui reconnaissaient des vertus miraculeuses : suivant eux, elle guérissait de la morsure des serpens, et préservait des chiens enragés. Cette fleur avait aussi l'heureuse qualité de garantir de la peste. Elle avait encore une autre utilité, celle de servir aux enchantemens. Il ne fallait pas moins que l'étalage de tant de merveilles pour justifier un si beau nom.

Les poëtes grecs et romains se couronnaient de laurier, et pensaient par ce moyen être inspirés d'Apollon par l'intermédiaire de son arbre chéri; les Lapons ont une croyance différente : ils s'imaginent qu'en se couronnant d'Angélique, le diable électrisera leur lyre, échauffera leur muse, et leur inspirera de beaux vers. Cette fleur est non-seulement le symbole de l'*Inspiration*, elle est également celui de l'*Esprit mélancolique* et d'*Espérance trompeuse*.

Consolez-vous, les beaux jours vont renaître.

Emblème de la vie, aimable et tendre fleur
Qui brille le matin, le soir perd sa couleur,
Et passant de nos prés sur l'infernale rive,
Nous présente en un jour l'image fugitive
De la Jeunesse et du Bonheur.

SENSITIVE.

Chacun a son penchant; être aimé, c'est le mien,
Et j'attache ma fleur où je me trouve bien.

Cette plante est originaire de l'Amérique-Méridionale. Les poëtes rapportent que cette fleur était jadis une jeune fille fort timide dont le dieu Pan devint amoureux. Les mêmes poëtes ajoutent que ce dieu était très-entreprenant; la jeune nymphe de la suite de Diane s'opposa longtemps de toutes ses forces aux projets de son téméraire amant; mais enfin, un jour le dieu aux pieds fourchus était sur le point de triompher de la chaste et tendre nymphe, lorsque la déesse vint à son secours et la changea en une Sensitive.

Les botanistes font une remarque bien curieuse sur les mouvemens de la Sensitive. Si, par un temps chaud, on touche les feuilles le plus légèrement possible, alors elles se flétrissent; peu à peu elles reviennent à leur première forme: le vent et la pluie produisent le même effet.

La Sensitive est l'emblème de la Pudeur et le symbole de la Sensibilité.

Rien ne sied mieux à la beauté que la pudeur.

Une plante, ô prodige! à l'éclat de ses charmes
Unit de la pudeur les timides alarmes;
Si d'un doigt indiscret vous osez la toucher,
Tout s'agite : la feuille est prompte à se cacher,
Et la branche mobile, aux mêmes lois fidèle,
S'incline vers la tige, et se range auprès d'elle.

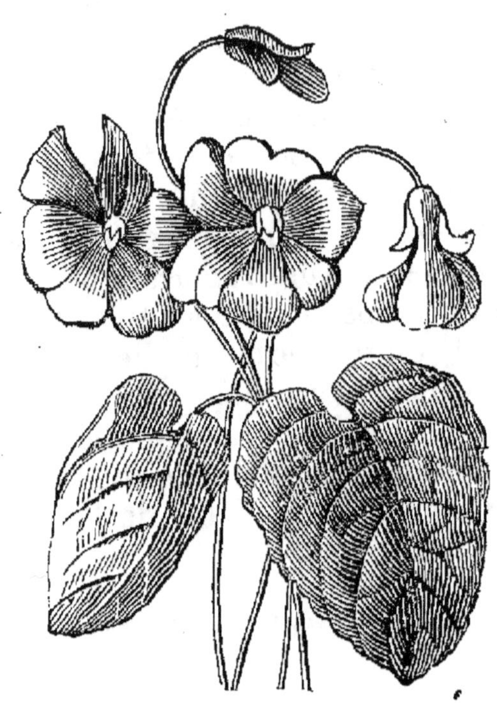

VIOLETTE.

Symbole d'amours inconstans,
Je nais et meurs dans un printemps.

Une femme aussi spirituelle qu'aimable, mais d'un caractère timide et réservé, prit cette fleur pour emblème, avec ces mots : *Il faut me cher-cher*. Et à la vérité cette plante charmante s'é-lève à peine de terre, sur une faible tige. Elle pousse par touffes le long des haies, à l'abri des ormes et des buissons qui la garantissent du soleil.

Il existe plusieurs variétés de violettes fort jolies, à fleurs doubles, blanches, rouges et ro-ses : la blanche a pour emblème *l'Économie ;* la jaune , *beauté parfaite ;* la double, *amitié réciproque ;* celle entourée de feuilles, *amour caché.* Dans une contrée du Nouveau-Monde, on envoie des bouquets de violettes aux parens de la demoiselle qu'on demande en mariage. Cette fiancée ne doit elle-même se présenter au temple de l'hyménée qu'une couronne de cette charmante fleur sur la tête. Enfin la violette est le symbole d'une âme pure; elle est aussi l'emblème d'une amitié *sincère et durable.*

Si la modeste Violette
Sous l'herbe se cache en naissant,
Son mérite perce en cachette,
Comme l'esprit en se montrant.

COQUELICOT.

Je suis une fleur parasite,
Défiez-vous de ma visite.

Dans le Coquelicot, la fleur est la principale

partie qui soit utile : on l'emploie en médecine ; elle est adoucissante et procure beaucoup de soulagement dans le rhume et la toux sèche : on en fait également usage en sirop, en conserve, en tisane, pour la pleurésie. La tête de ce pavot est légèrement somnifère. C'est de cette plante que les Turcs tirent l'opium dont ils font leurs délices. Les Anciens avaient consacré cette plante à la Mort, et au Sommeil son frère.

Dans le langage des fleurs, le Coquelicot exprime la langueur, qui provient ordinairement de l'insouciance, et quelquefois de projets avortés ou d'un amour malheureux : il est le plus souvent le symbole de la Reconnaissance.

Les fleurs expriment la tendresse,
Elles expriment la ferveur
Et les désirs de la jeunesse,
Sans jamais blesser la pudeur;
L'amant les offre à sa maîtresse
Et brûle encor, dans son ivresse,
De lui prodiguer le bonheur
Dont un bouquet fait la promesse.

URTICA ou ORTIE.

Je ressemble à ma sœur par la seule apparence ;
Sous des dehors trompeurs je cache l'innocence.

Tout le monde a appris, par une expérience assez désagréable, à connaître cette plante. Ses fleurs sont disposées en grappes. L'Ortie tire son nom du latin *urere* (*brûler*). Elle est ainsi nommée à cause de la sensation que font naître ses feuilles. Ses fleurs, assez agréables à la vue, infusées dans du vin, peuvent remplacer le quinquina dans les fièvres.

Les tiges de cette plante, qu'on peut couper trois fois par an, procurent aux bestiaux une bonne nourriture qui les préserve des maladies contagieuses. Cette plante est le symbole de l'*Utilité*.

Écoute-moi d'une oreille attentive,
Je t'apprendrai l'art de fixer un cœur;
La fleur des champs a la couleur bien vive,
De doux attraits, une suave odeur :
Mais le soleil, qui d'abord la colore,
La brûle enfin quand elle est sans abri ;
Zéphyr l'effeuille, et les pleurs de l'Aurore
Ne brillent plus sur son disque flétri.
Dans nos jardins elle est longtemps jolie;
Soumise à l'art qui maintient la beauté,
La fleur des champs, ce serait toi, Zoé :
L'art qui te manque est la coquetterie.

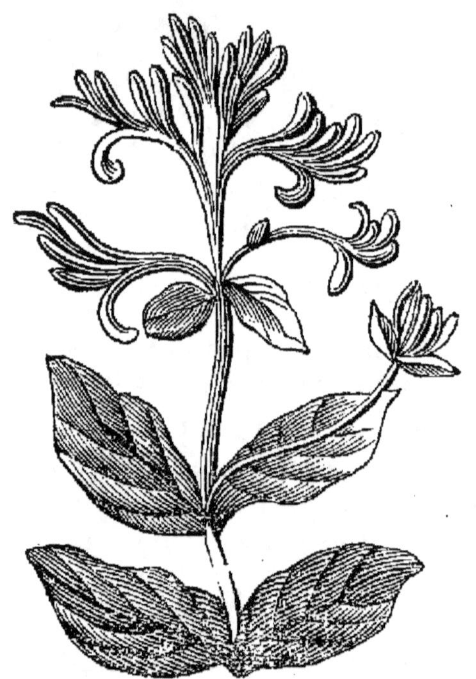

XYLOSTON ou Chèvrefeuille des Buissons.

La précieuse admire un pédant orgueilleux ;
Tout le monde avec soin évite un ennuyeux.

Le Xyloston, ou, comme nous disons, le Chèvrefeuille des buissons, s'élève à six ou sept pieds de hauteur et forme un buisson irrégulier. Les rameaux de cet arbrisseau sont droits, nombreux, blanchâtres à leur base et rougeâtres dans leur première pousse.

Le Chèvrefeuille est le symbole des *liens d'amour*. Tous les savans botanistes s'accordent à donner au Chèvrefeuille des buissons le même attribut.

> Mais voici venir la tempête,
> L'éclair serpente dans les cieux;
> L'arbre des champs courbe sa tête
> Sous l'effort des vents furieux;
> Le ciel gronde et l'air étincelle;
> A travers l'orage et la grêle
> Un arbrisseau lutte longtemps;
> Mais enfin ses fleurs déchirées
> Abandonnent au gré des vents
> Les lambeaux naguère éclatans
> De leurs feuilles décolorées.

ZINNIA.

Des feux du jour évitant la chaleur,
Il a toujours conservé la pâleur.

Les botanistes connaissent deux espèces de
Zinnia ; la première, connue sous le nom de *Zinnia Pauciflore*, et qui s'élève à deux pieds. Ses
fleurs solitaires et terminales imitent celles de
l'Œillet-d'Inde, et se montrent en automne ;
elles sont teintes d'un jaune foncé.

La seconde espèce, connue sous le nom de
Zinnia Multiflore, est de beaucoup préférable
pour le nombre et l'éclat de ses fleurs rouges,
qui produisent un bel effet dans les plates-bandes

et les parterres en automne. Cette plante a été longtemps sans être placée dans le langage : aujourd'hui, selon plusieurs auteurs, elle est le symbole de la *Simplicité ;* on lui donne aussi le *Secret* pour emblème.

Un secret confié doit mourir avec nous.

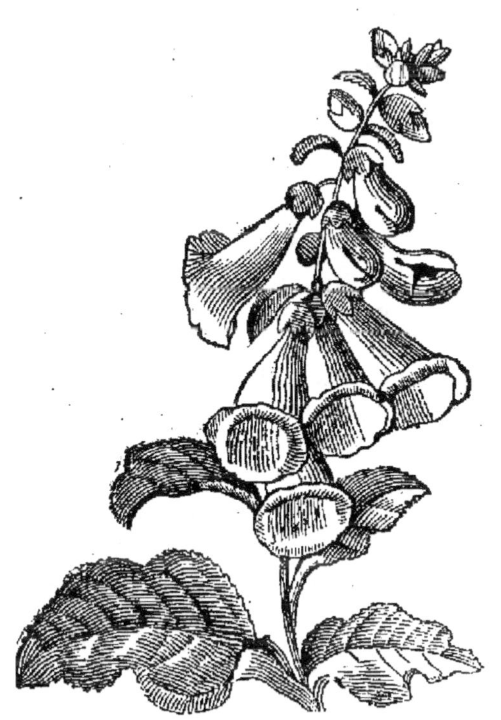

DIGITALE POURPRÉE.

Du sein de l'herbe elle sort avec éclat,
Riche de fleurs d'un tissu délicat.

La Digitale pourprée, connue aussi sous le nom de Gants Notre-Dame, croît naturellement aux environs de Paris, au bois de Boulogne, sur les coteaux de Meudon. Cette plante doit son nom à la ressemblance qu'offrent ses fleurs avec un dé à coudre qu'on place au doigt, ce qui en fait le symbole du *Travail*, de l'*Occupation*. On peut encore lui donner l'emblème de la *Mémoire*. Les fleurs de cette plante, bouillies dans le saindoux, font une pommade excellente pour les maladies *scrophuleuses*.

> Des fleurs dans tous les mouvemens,
> L'observateur voit un présage;
> Celle-ci, par son doux langage,
> Indique le travail ou la fuite du temps
> Qui la flétrit à son passage.
> Sous un ciel encor sans nuage,
> Celle-là, prévoyant l'orage,
> Ferme ses pavillons brillans,
> Et sur les bords d'un frais bocage,
> Sommeille au bruit lointain du vent.

Elle voudrait pouvoir la sauver du naufrage;
Son amant aussitôt s'élance du rivage,
Saisit la tendre fleur, veut regagner les bords;
Mais, ô moment cruel! malgré ses vains efforts,
Le fleuve impétueux l'enveloppe et l'entraîne;
En vain il veut lutter, succombant sous la peine,
De la Mort qui le presse il va subir la loi;
Par un dernier effort, aux pieds de son amante
Il fait tomber la fleur, et d'une voix mourante,
Dit en disparaissant : « *Souvenez-vous de moi.* »

IRIS.

Dès qu'on la voit, toujours sûre de plaire,
Elle est Iris au ciel et sur la terre.

L'Iris est originaire du Midi de la France. Les
plus belles espèces nous viennent de Perse, d'Angleterre et d'Italie. L'odeur de l'Iris ressemble
à celle du Jasmin ; ses fleurs offrent un mélange
des couleurs les plus éclatantes. Chez les Anciens,
cette fleur fut un symbole ou bannière : elle croissait en abondance sur les montagnes de la Macédoine. Il fallait, pour se rendre la terre favora-
ble, que cette fleur fût cueillie avec un grand
nombre de pratiques superstitieuses, et surtout
par une personne chaste.

Selon la Fable, Iris était fille de Thaumas, fils de la Terre. Junon, dont elle était la messagère, la plaça dans le Ciel pour prix de ses services. Les poëtes disent que l'arc-en-ciel n'est autre chose que l'écharpe de cette princesse. Cette fleur est utile à plusieurs choses ; on l'emploie en parfumerie et dans la médecine. Le bleu d'Iris est une espèce de pâte appelée Vert-d'Iris, qui sert aux peintres en miniature.

Elle est le symbole de la *Confiance* et celui de la *Légèreté*.

C'est une fleur à peine éclose,
Qui tient un peu du lis pour la fierté,
Pour la fraicheur tient de la rose,
Du tournesol pour la mobilité ;
Mais par malheur un peu trop vive,
Légère comme le zéphyr,
Elle tient de la sensitive,
Et fuit quand on veut la cueillir.

Quoi ! les humbles tribus, le peuple immense d'herbes
Qu'effleure l'ignorant de ses regards superbes,
N'ont-ils pas leurs beautés et leurs bienfaits divers ?
Le même Dieu créa la mousse et l'univers ;
De leurs secrets pouvoirs connaissez les mystères,
Leurs utiles vertus, leurs poisons salutaires :
Par eux autour de vous rien n'est inhabité,
Et même le désert n'est jamais sans beauté.
Souvent, pour visiter leurs riantes peuplades,
Vous dirigez vers eux vos douces promenades,
Soit que vous parcouriez les coteaux de Marly,
Ou le riche Meudon, ou le frais Chantilly.

SAFRAN JAUNE.

Ainsi que le pavot, mon talent le plus doux
    Est d'endormir un vieux jaloux.

Cette plante, dont la fleur est assez jolie, est employée en médecine comme emménagogue : en infusion légère, elle donne de la gaîté, mais si l'on en prenait beaucoup, elle deviendrait fort dangereuse. Plusieurs nations l'emploient dans l'assaisonnement de leurs mets les plus ordinaires. On en consomme beaucoup dans la teinture.

La fleur de Safran représente les souffrances d'un amour malheureux : elle est aussi le symbole de la mélancolie et des chagrins résultant d'une affection trompée. Suivant la Fable,

CROCUS aimait si tendrement sa femme SMILAX, que les Dieux, touchés de cet amour exemplaire et chaste, les changèrent, CROCUS en Safran et sa femme en If.

S'il est un sort désirable,
C'est de pouvoir enflammer
 Femme tendre, douce, affable,
 Qui le jour sache être aimable,
 Et qui la nuit sache aimer.

YÈBLE.

De la plus séduisante fleur
Vous avez tout l'éclat et toute la douceur.

L'Yèble est une plante qui ressemble au Sureau, mais elle est beaucoup plus basse. Ses fleurs sont disposées en parasol, petites, nombreuses, blanches et en rosette, et ont l'odeur de la pâte d'amandes. L'ombelle ou cime

est composée de trois bouquets dont les pé-
dicules sont dans un même plan. Cette fleur est
reconnue pour l'emblème de la *Reconnaissance.*

Cette fleur va bientôt parer le noir rivage;
Oh! mes amis! comme elle on nous verra finir :
Eh! que laisserons-nous après ce court voyage?
Une ombre, un peu de cendre, un léger souvenir.
A quoi sert d'embaumer nos dépouilles mortelles,
Et sur de vains tombeaux pourquoi semer des fleurs?
C'est tandis que la vie anime encor nos cœurs,
Qu'il faut nous couronner de guirlandes nouvelles.

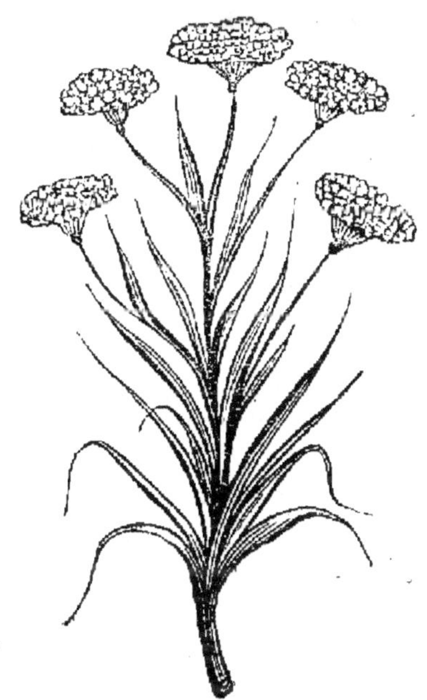

ZÉPHYRANTE.

Des tendres sentimens les fleurs offrent l'image,
Elles feront toujours le vrai plaisir du sage.

Cette plante est originaire de la Havane. Le
Zéphyrante ou fleur de Zéphyr n'est cultivé en
France que depuis quelques années. On lui a

sans doute donné ce nom parce que son feuillage léger et ses charmantes fleurs, portées sur de
faibles hampes, se balancent et s'agitent au moindre souffle caressant de Zéphire. Cette fleur est
le symbole de l'*Inconstance*.

LES AVENTURES D'UNE FAUVETTE.

Le papillon de la rose
Reçoit le premier soupir ;
Le soir, un peu plus éclose,
Elle écoute le zéphyr.
Jouir de la même chose,
C'est enfin ne plus jouir.

Apprenez de la Fauvette
Qu'on se doit au changement ;
Par ennui d'être seulette,
Elle eut Moineau pour amant.
C'est sûrement être adroite
Et se pourvoir joliment.

Mais Moineau sera-t-il sage ?
Voilà Fauvette en souci ;
S'il changeait, Dieu ! quel dommage !
Mais Moineaux aiment ainsi ;
Puisque Hercule fut volage,
Moineaux peuvent l'être aussi.

Vous croiriez que la pauvrette
En regrets se consuma ;
Au village, une fillette
Aurait ces faiblesses-là :
Mais, le même jour, Fauvette
Avec Pinson s'arrangea.

Le Moineau, dit-on, fit rage ;
C'est là le train d'un amant :
Aimez bien, il se dégage ;
N'aimez pas, il est constant.
L'imiter, c'est être sage ;
Aimons et changeons souvent.

SUPPLÉMENT DES FLEURS.

Nous venons de parcourir les jardins, les parterres, les bosquets, même les orangeries; nous avons offert aux dames des fleurs de toutes espèces, de toutes nuances; avons-nous par-là rempli notre tâche? non certainement! Que de trésors encore pour l'amateur avide! combien d'autres fleurs, d'arbustes se présentent à notre vue! mais à qui donnerons-nous la préférence? Nous commencerons par celle qui s'étale si majestueusement, et qu'on nomme la belle *Amaryllis*, d'un mot grec ἀμαρύσσω, *je brille* : en effet, elle est remarquable par sa beauté; elle est le symbole de la *Fierté*. — Examinons ce superbe arbuste, le Tilleul, symbole de l'*Amour conjugal*; il l'emporte sur tous les autres arbres qui décorent les jardins publics; il en est peu qui offrent à l'homme autant d'utilité. Ses fleurs, qui répandent une odeur si douce, sont très-favorables aux personnes nerveuses, etc. etc. — La Mauve, précieuse par ses vertus salutaires, ayant pour emblème la *Sincérité*. — L'Alléluia ou Oxalide ; la *Joie* est le symbole de cette jolie petite plante ; les botanistes ont remarqué que, lorsque la nuit arrive, elle ploie ses feuilles et s'abandonne au sommeil; mais à peine le jour a-t-il paru, aussitôt elle se réveille et semble, par un mouvement de joie, saluer l'astre radieux, le père nourricier des humains. — La Badiane, emblème de l'*Importunité*, et qui sert d'horloge aux Chinois. — L'Armoise, emblème du *Bonheur*. — L'Astragale, symbole du *Regret*, dont les fleurs se découvrent à peine au milieu du duvet qui les entoure.

La Brunelle, dans le calice de laquelle on croit voir une petite chaire à prêcher, et dont le symbole est la *Solitude*. — La Barbe-de-Jupiter, aux feuilles argentées, est l'emblème de la *Prépondérance*. — L'Astrame, dont la fleur ressemble à une étoile; elle a pour attribut *arrière-pensée*.—La Crapaudine; on lui a donné ce nom parce que ses fleurs, d'un blanc jaunâtre, sont tachetées comme la peau d'un crapaud, et ressemblent assez à une bouche entr'ouverte; elle a pour emblème l'*Artifice*. — L'Aristée du Cap, parée de grappes de fleurs d'un beau bleu d'indigo: attribut, *Rigueurs*. — Le Coqueret, symbole de l'*Erreur*, dont les fleurs infusées calment les sens et procurent le sommeil. — La Centaurée auberpoi, ou fleur du grand-seigneur, emblème de la *Félicité;* ses fleurs, blanches ou roses, répandent une légère odeur d'ambre; dans l'Orient, où elle croît, si un jeune homme en envoie un bouquet à sa maîtresse, c'est lui dire qu'il attend d'elle les plus douces faveurs.

La Doronie, dont les tiges excitent l'agilité; elle a pour attribut la *Froideur*. — La Mercuriale, qui ne produit pas de fleurs, mais qui renferme des sucs précieux; cette plante est le symbole des *apparences trompeuses.*—Le Cyprès, qui est l'emblème du *Deuil*, tire son origine de l'île de Crète; il est aussi le symbole de la *Mort;* lorsqu'on le coupe, sa racine ne produit plus de nouveaux jets; on le place près des tombeaux. — La Garance, attribut, *Calomnie*, l'arme la plus meurtrière dont on puisse se servir. On prétend que lorsqu'un agneau ou tout autre animal innocent a brouté de la Garance, ses dents et ses lèvres sont teintes de rouge et paraissent ensanglantées comme s'il venait de dévorer une victime : cette plante est employée pour la teinture. — L'Achillée-mille-feuilles, qui s'enorgueillit d'avoir reçu son nom du grand Achille. Voici ce que rapporte Ovide : Le fils d'Hercule ayant été blessé au siége de Troie, on lui déclara qu'il n'obtiendrait sa guérison que de celui qui l'avait blessé : il fut donc guéri par Achille, qui appliqua sur la plaie une herbe à qui on donna le nom d'*Achillée*, et qui devint le symbole de la *Guerre;* cette plante est aussi connue sous le nom d'*Herbe aux charpentiers*. — Le Mélianthe d'Ethiopie, recherché avec avidité par les abeilles; son attribut : *Repos, Calme*. Suivant les bonatistes, cette plante plaira toujours par ses pétales délicats, dont l'intérieur a la couleur éclatante du lis, et l'extérieur les teintes vermeilles de la Rose. — La Coriandre, symbole du *mérite caché;* cette plante nous prouve que souvent les apparences sont trompeuses : étant cueillie, elle a d'abord une odeur insupportable, semblable à celle de la punaise (*coris*), d'où lui vient son nom; mais ses graines, en mûrissant, acquièrent un parfum très-agréable.

Poursuivons notre nomenclature. — L'Ephémérine de Virginie, symbole du *Bonheur éphémère*. Les fleurs de cette plante durent peu et meurent pour ainsi dire aussitôt qu'elles sont écloses ; mais elles se succèdent pendant longtemps : le bonheur passe vite, comme elles, et souvent, hélas ! il ne revient plus. — Le Myrtile qui porte des fleurs d'un rouge de brique, à peu près semblables à des grelots, est l'emblème de la *Nouveauté*. — La Pariétaire, que Constantin comparait à Trajan ; elle a pour attribut la *Misanthropie*. — La Gavée d'Amérique, extrêmement utile aux Mexicains ; on fait des cordes avec ses racines ; de ses feuilles on tire un fil propre à la fabrication de différens tissus ; les épines servent de clous et d'aiguilles ; on en tire aussi une eau dont on fait du sucre ; elle est l'emblème de la *Sûreté*, parce qu'on en forme des haies impénétrables autour des habitations. — La Bétoine, dont les émanations agissent si fortement, dans l'été, sur les personnes épileptiques ; elle a pour attribut la *Brusquerie :* la brusquerie n'est qu'un défaut quand elle est un travers d'esprit, mais c'est un vice insupportable quand elle vient du cœur. — La Jusquiame, symbole du *Défaut ;* cette plante croît le long des murs des villages : on prétend qu'elle jette ceux qui en mangent dans une léthargie funeste. Cela n'empêche pas les Turcs de s'enivrer avec son suc, qu'ils prennent avec de l'opium. — La Quinte-Feuille qui, par ses feuilles, ressemble à un éventail ; elle est le symbole de l'*Innocence ;* dans les temps d'orage, les feuilles de cette plante se rapprochent et forment sur la fleur une sorte de petit dôme qui la met à l'abri. — Le Colchique, dont les fleurs, couleur de chair, bravent les rigueurs de la mauvaise saison. Cette fleur d'automne, qui annonce le retour de l'hiver, peut inspirer quelquefois de mélancoliques méditations.

Le Mille-Pertuis, symbole de l'*Oubli*, parce que, dans la Tartarie chinoise, une infusion de cette plante narcotique vous fait oublier les maux que l'on a endurés. — Le Cytise ; les poëtes ont comparé cette plante à un cœur magnanime qui résiste à l'adversité, parce que son feuillage dure fort longtemps ; elle a pour emblème le *Sortilége* ; ses fleurs sont belles, son feuillage élégant, ses tiges d'un beau vert, mais le cœur de son bois est d'un noir d'ébène.—Le Balisier, aux branches terminées par un charmant épi de fleurs jaunes et d'un bel écarlate ; son attribut est la *Frivolité*. — L'Hémérocalle de la Chine ; ses fleurs ne durent qu'un jour ; son attribut est l'*Aigreur*. — La Vipérine, symbole de la *Justice*; cette plante est ainsi nommée parce que ses semences ont la forme de la tête d'une vipère. — Le Salicaire, emblème de la *Prétention*, parce que ses épis, penchés sur le bord des ruisseaux, semblent prendre plaisir à y refléter leur image.

Le Tussilage odorant, chez qui les fleurs paraissent avant les feuilles ; il croît sur le mont Pilat, aux environs de Lyon : cette plante est le symbole de la *Fermeté*.—La Caméline, ayant pour attribut la *Reconnaissance ;* cette plante fournit une huile d'un grand usage dans les arts. —La Momordique élastique, ayant pour emblème *Mystification*, *Critique ;* cette plante croît spontanément dans le midi de la France; à ses fleurs, petites et peu apparentes, succèdent des fruits velus, ayant à peu près la forme et la grosseur d'un cornichon moyen. — Le Stramoine commun, symbole du *Déguisement ;* les sucs de cette plante sont un poison dangereux.

L'Amourette ou brise tremblante, symbole de l'*Eloignement ;* ce serait faire injure à une femme que de lui présenter une Brise, ou même un bouquet lié avec la tige de cette plante; il n'y a rien aussi loin de l'amour qu'une Amourette.—Le Gatilier commun, emblème de la *Froideur*, arbrisseau aromatique du midi de la France; les dames d'Athènes avaient coutume de se coucher sur ses feuilles pendant la célébration des Mystères d'Isis. —Le Méléagre, dont la fleur ressemble à une belle Tulipe renversée. — Le Muscari du Levant, qui répand une odeur de musc et qui a pour emblème *Désir de plaire ;* on lui donne encore pour signification *Flamme.*— Le Myosotis, jolie petite plante croissant sur le bord des eaux et dans les marais : ses fleurs sont petites, bien ouvertes, d'un bleu céleste, en épi roulé en crosse à son extrémité. On a donné au Myosotis le symbole de l'*Amitié,* parce qu'il se conserve comme la Pensée. — La Cypride, ou pied de Vénus, ayant pour attribut *Obstacle ;* elle doit son nom à ce que ses fleurs imitent assez bien la forme d'une chaussure. — L'OEil-de-Paon produit des fleurs d'un blanc de lait pur, ornées d'une tache blanche, bordées de noir velouté qui les fait ressembler à l'œil du paon. Cette plante est le symbole de l'*Equité*. — Le Guittarin ; ses feuilles sont en tout semblables à celles du Laurier et sont marquées de larges taches blanches qui imitent les cordes d'une guitare ; on en a fait pour cette raison l'emblème de la *Mélodie*. — La Parnassie, que les anciens appelèrent ainsi parce qu'ils l'avaient, dit-on, trouvée au pied du Mont-Parnasse ; ils lui donnèrent pour attribut la *Rupture*.

La Clandestine, ayant pour emblème *Amour caché*. Cette plante se trouve dans le midi de la France, mais plus ordinairement en Espagne. Ses fleurs seules sont apparentes ; ses feuilles restent toujours cachées sous la mousse. — La Saponnaire, à cause de ses fleurs blanches ou d'un rose tendre, ressemble à l'œillet commun : elle est l'emblème d'un *Amour voluptueux*. — La Morée d'Orient, dont les racines et les feuilles ressemblent à celles de l'iris : son attribut est *Résistance*. — Le Mogoric, emblème de l'*Enfantillage* et du *Luxe*. Les fleurs de cette plante servent de parure aux femmes de l'Inde, qui se parfument avec une essence que l'on en tire, et dont l'odeur approche de celle du muguet et de la fleur d'oranger. — Le Ciste, emblème de la *Jalousie ;* les étamines de cette plante sont tellement irritables, que souvent on les voit s'agiter sans pouvoir en deviner la cause. — L'Aneth ; les Romains tressaient des couronnes avec cette plante pour se parer dans les festins, et les gladiateurs mêlaient à leur breuvage cet ornement, dans l'espoir d'augmenter leur force. Son attribut est *Crédulité.* —L'*Adoxa Moscatelline,* ayant pour symbole la *Faiblesse,* parce que cette plante délicate exhale une odeur de musc assez douce pour ne déplaire à personne. L'*Adoxa* se trouve sous l'ombrage humide des forêts. — La Cupidine, à laquelle les Grecs attribuaient la vertu d'inspirer l'amour. Elle a pour emblème la *Persévérance.* — Le Flouve. Son odeur passait jadis pour être pestilentielle. On lui donne pour emblème la *Tristesse.* — Le Pancrais d'Illyrie, aux belles fleurs en ombelles odorantes ; son attribut est *Soupçon.* — La Pluie-d'Or. Les fleurs de cette plante rappellent l'ingénieuse fiction des poëtes, qui rapportent que Jupiter se transforma en pluie d'or pour s'introduire près de Danaé.

Le Géranium écarlate. Cette plante, originaire du Cap, est parée d'une magnifique couleur rouge qui séduit au premier abord ; mais lorsqu'on la presse, il n'en sort qu'une odeur désagréable. Son emblème est *Sottise.* — Géranium triste, dont le symbole est *Mélancolie.* Les fleurs de cette plante n'exhalent leur douce odeur de girofle et de canelle qu'à la nuit. — La Petite Sauge. Cette plante, à qui l'on a donné pour symbole l'*Estime,* est aromatique dans toutes ses parties, et elle a une odeur pénétrante et agréable ; elle est stomachique et cordiale. Les anciens disaient : « Il a tort de mourir, celui qui a de la *sauge* dans son jardin. »

LES JARDINS.

Les amateurs reconnaissent quatre conditions bien essentielles pour la décoration et la disposition d'un jardin. En premier lieu, il faut que l'art cède à la nature, et par-dessus tout prendre ses précautions de manière à ne pas le laisser trop découvert; il faut aussi qu'il paraisse plus grand qu'il ne l'est réellement.

Afin qu'un jardin flatte et soit agréable à la vue, il est nécessaire qu'il soit de moitié plus long que large; il devient aussi très-important que son sol soit bon et fertile, qu'il jouisse d'une exposition saine et bien aérée, et surtout que le terrain soit exposé au midi. Cette position est d'ailleurs la plus riante; les jardiniers y trouveront beaucoup d'avantages, ils y trouveront aussi leur profit. Nous ajouterons à cela une observation que nous croyons utile : dans la plaine, la chaleur est étouffante, et l'œil se perd dans l'immensité; l'air est lourd et chargé de vapeurs nuisibles à la conservation d'un grand nombre de fleurs, d'arbustes et d'arbrisseaux.

Nous avons encore une remarque à faire, c'est qu'un jardin ne doit pas être vu du premier coup d'œil : il ne s'agit pas de parcourir la longueur des allées, il faut aussi que l'on puisse y découvrir des agrémens cachés, des retraites dérobées, de ces retraites enchanteresses dans lesquelles on puisse méditer et réfléchir à loisir. On doit donc s'attacher principalement à ce qu'un jardin ne soit pas de niveau avec le bâtiment, placé sur les degrés d'un perron; le seul objet auquel on doit s'attacher, c'est la disposition du parterre, partie essentielle à l'embellissement d'un jardin.

Les premiers jardins connus n'étaient que de modestes clos, des carrés de terre çà et là, dans lesquels étaient plantées des racines et un très-petit nombre d'arbres fruitiers. A cette époque les fleurs, qui font aujourd'hui le plus bel ornement des jardins et des bosquets, étaient inconnues. Si l'on s'en rapporte au dire de plusieurs auteurs, ce fut Epicure qui, le premier, conçut l'idée d'avoir des jardins dans l'intérieur des villes. Les jardins antiques, dont on nous fait tant de récit, ceux de Babylone, par exemple, élevés par Sémiramis, étaient construits en amphithéâtre, et de manière que chaque degré se trouvait de plain-pied. Cette lourde masse se soutenait par des voûtes immenses, élevées les unes sur les autres, et qui n'étaient autre chose que des salles magnifiques. Ces masses ou jardins suspendus s'arrosaient par le moyen de pompes qui puisaient l'eau dans l'Euphrate.

La réputation que conservent encore aujourd'hui les Chinois, sous le rapport de leurs jardins, date de bien loin : par la suite ils se firent remarquer par un luxe surprenant en ce genre.

L'empereur Kie fit construire des lacs, former des étangs, élever des bâtimens sans nombre dans lesquels il prodiguait les pierreries, au point de les semer dans ses appartemens. Le goût des jardins se répandit insensiblement en Égypte et en Grèce ; mais les jardins particuliers ne produisaient que des légumes. Les Romains n'avaient aucune idée des jardins d'agrément ; c'est à Lucullus, de retour d'une expédition du royaume de Pont, chargé d'immenses richesses, que nous sommes redevables du luxe qui règne aujourd'hui dans nos jardins, et notamment en Italie. L'illustre cardinal d'Est éleva le premier jardin regardé comme un chef-d'œuvre : il opéra une telle révolution dans l'art du jardinage, que chaque prince se piqua d'émulation et voulut avoir des jardins à lui ; par les soins de François Ier, Saint-Germain, Chambord, Fontainebleau, ont été les premiers berceaux de la magnificence française.

Enfin parut le siècle de Louis XIV, et avec lui La Quintinie et Le Nôtre ; Le Nôtre, qui mérita à juste titre le surnom de *créateur du genre français*, qui vainquit en quelque sorte la nature en élevant à Versailles, sur un sol ingrat, le plus beau jardin de l'univers. Nous nous arrêtons ici, car de quels jardins pourrions-nous parler après celui-là ?....

CHAPITRE II.

Emblèmes des Couleurs.

Le savant Linnée compte trois principales couleurs : le *rouge*, le *jaune* et le *bleu*. Le blanc représente la lumière ; le noir, l'absence de la lumière. Les couleurs de deuxième classe, ou secondaires, sont formées du mélange de deux couleurs primitives ; tels sont le pourpre, l'orange, le vert, le violet, le gris-cendré, le gris-brun, etc. etc. Le vert se compose de jaune et de bleu, le violet de rouge et de bleu, etc. Ces couleurs produisent un nombre considérable de teintes ou nuances. Nous avons choisi, Mesdames, les plus dignes de fixer votre attention.

BLANC.

Le blanc est le symbole de l'*Innocence*, de la *Pudeur*, de la *Pureté*, de la *Bonne Foi* et de la *Candeur*.

Les prêtres des temps anciens, chez les Egyptiens, les Hébreux, les Grecs et les Romains, portaient des tuniques et des robes blanches, pour montrer la pureté de mœurs que leur devoir sacré, ainsi que la mission toute sainte qui leur était confiée, leur imposait. Le blanc a toujours été et sera toujours la parure la plus recherchée pour les jeunes vierges. Peut-on voir sans se sentir ému le ravissant spectacle qui s'offre à nos yeux le jour de la première communion? Toutes les jeunes filles sont vêtues de blanc, symbole de la pureté de leur âme! Souvent une mère voue au blanc et à la Vierge son enfant chéri, dans l'espérance que cette couleur de l'innocence lui servira d'égide, et le préservera des écueils terribles qui assiégent nos premières années.

Dans l'antiquité, la couleur blanche était considérée comme un signe de joie, et l'on s'en parait dans les festins. Les Grecs et les Romains, qui depuis longtemps avaient porté le deuil en noir, le portèrent en blanc sous les empereurs. A Rome, quand un jeune ambitieux aspirait à de hautes fonctions, il se revêtait d'une robe blanche pour se présenter au peuple et au sénat. C'est de là que vient le nom de *candidat*.

NOIR.

Emblème de la *Tristesse*, du *Deuil* et de la *Mort*.

Il n'existe peut-être pas d'homme qui dans le cours de sa vie n'ait éprouvé de cuisans chagrins. La tristesse se montre dans toutes les classes de la société, sous le chaume et sous les lambris dorés, et celui que Plutus favorise a ses peines et ses tourmens comme le pauvre. Dans ces momens sinistres, l'imagination, frappée par un rapprochement effrayant, nous reporte à l'heure terrible où nous rencontrerons pour la dernière fois les ténèbres éternelles dans la froide nuit de la tombe.

Cette profonde impression est la même chez tous les peuples de la terre ; elle est la même chez tous les hommes et dans tous les temps ; aussi le noir a-t-il toujours été le symbole de la mort.

ROUGE.

Le rouge est l'emblème de la *Pudeur*, de l'*Amour* et de l'*Ardeur*.

A Rome, la prêtresse qui présidait au mariage couvrait les jeunes époux de son voile rouge, exprimant par sa couleur les désirs et la pudeur qui colorent les joues de l'Hyménée, et qui semblait donner un plus vif éclat à la jeune mariée. Ce voile rouge se nommait *flammeum*, et la prêtresse *flaminique*. Cette prêtresse ne pouvait, sous des peines sévères, rompre les liens du mariage par le divorce. C'est la raison pour laquelle on en couvrait les jeunes mariés le jour des noces, pour en tirer un bon augure.

JAUNE.

Le jaune était l'emblème de la *Gloire* chez les anciens ; il est celui de l'*Infidélité* chez les modernes. Chez les Chinois, le jaune est le symbole de la *Toute-Puissance*. L'empereur et les membres de sa famille ont seuls le droit de le porter. Les peintres ont fait de la couleur jaune, qui est celle du soleil, l'attribut des *Richesses* et de la *Splendeur*. On représentait la déesse des Moissons, Cérès, avec une draperie jaune. Homère donne une robe jaune à l'Aurore, parce qu'elle se colore des premiers rayons du soleil levant.

Le jaune, joint au vert et au violet, dénotait, chez nos pères, les faveurs qu'un preux chevalier avait obtenues de sa belle; mais, suivant les convenances, ces couleurs ne devaient pas être portées par un guerrier réservé ou modeste.

BLEU.

Le bleu est le symbole d'un *Amour chaste*, de la *Sagesse*, de l'*Economie*, de la *Piété* et du *Respect*.

Autrefois on donnait une écharpe bleu-de-ciel à Junon, quand elle représentait l'Air. Comme le ciel est bleu, les anciens y avaient fixé le séjour de la Sagesse éternelle. La déesse Minerve était vêtue d'un manteau de la même couleur.

VERT.

Le vert, emblème de l'*Espérance*. Après un hiver long et rigoureux, chacun se réjouit de voir revenir le printemps : alors les arbres à fruit se revêtissent d'une douce verdure, signe précurseur des beaux jours. Cette verdure est

le présage d'une abondante récolte. Le vert-cé-
ladon, ou vert-d'eau, était consacré à Neptune ;
les Néréides étaient représentées avec des dra-
peries vertes. C'était aussi la couleur des bande-
lettes des victimes offertes aux dieux marins.

POURPRE.

Le pourpre a pour signification *Suprême*
Puissance, Souveraineté absolue. Les mo-
narques seuls, autrefois, avaient le droit de
porter des manteaux de pourpre. Les empereurs romains s'en couvraient. Les poëtes et les
peintres, afin d'indiquer le pouvoir de Jupiter,
le représentent revêtu de pourpre.

ROSE.

Le rose, sans contredit la couleur la plus
gaie, est le symbole de la *Jeunesse,* de la
Beauté, de l'*Amour* et de l'*Amabilité.*
Cette couleur convient, sous tous les rapports, aux jeunes et jolies femmes, et naturellement toutes les dames le préfèrent. En cela
les amateurs ne peuvent pas blâmer un aussi
bon goût. Hébé, déesse de la Jeunesse, était
parée de la charmante couleur rose.

ATTRIBUTS DE CHAQUE HEURE DU JOUR
CHEZ LES ANCIENS.

La première heure, un bouquet de roses épanouies.

La deuxième, un bouquet d'héliotrope.

La troisième, un bouquet de roses blanches.

La quatrième, un bouquet d'hyacinthe.

La cinquième, quelques feuilles de grenadier.

La sixième, un bouquet d'anémone.

La septième, un bouquet de réséda.

La huitième, plusieurs oranges.

La neuvième, des feuilles d'olivier.

La dixième, quelques branches de lilas.

La onzième, un bouquet de soucis.

La douzième, un bouquet de pensées et de violettes.

Les quatre Élémens étaient représentés par les couleurs suivantes :

Rouge, le Feu ; *Blanc*, l'Eau ; *Bleu*, l'Air ; *Noir*, la Terre.

Les quatre Saisons étaient désignées par les couleurs ci-après :

Vert, le Printemps ; *Rouge*, l'Été ; *Bleu*, l'Automne ; *Noir*, l'Hiver.

CHAPITRE III.

Composition du Bouquet parlant.

DÉCLARATION D'AMOUR.

Le bouquet devra être composé d'une Rose, symbole de la *Beauté;* d'un Jasmin blanc, symbole de l'*Amabilité.* — Votre beauté, votre douceur angélique et votre amabilité m'encouragent à vous déclarer mon amour.

> Oui, de la plus charmante fleur
> A mes yeux vous êtes l'image;
> Vous avez son éclat, vous avez sa fraîcheur;
> Mieux qu'elle vous fixez le papillon volage.
> Mais la beauté passe dans quelques jours :
> Alors adieu zéphir, adieu tendre caresse;
> Votre bonté, votre douce sagesse,
> Comme mon cœur vous resteront toujours.

MÊME SUJET.

Composé d'une Tulipe signifiant *Déclaration d'amour;* un œillet, attribut d'un *Amour sincère,* et une Reine-Marguerite, *le désir d'être aimé.* — Mon amour est pur et sincère;

comptez pour toujours sur ma constance et ma fidélité. Puis-je espérer d'être aimé ?

Vous, dont la gloire est d'être belle,
D'un sexe aimable, jeune fleur,
Prenez la Rose pour modèle,
Son éclat naît de sa pudeur ;
Cet ornement de la Nature
Se cache sous un arbrisseau ;
Et pour garder sa beauté pure,
Arme d'épines son berceau.

BOUQUET D'UN AMANT A SA MAÎTRESSE,

Composé d'un bouton de Rose ; d'après le langage des fleurs, le bouton de Rose a toujours été comparé aux charmes d'une jeune demoiselle ; une branche de Lilas, symbole des premières émotions de l'Amour.

Dès que reviennent les chaleurs,
Zéphyr, de ses ailes légères
Ouvre le calice des fleurs
Et le corset de nos bergères.
En tous lieux, ainsi qu'en tous temps,
L'Amour arrange bien les choses ;
Il sait que partout, au printemps,
On doit voir des boutons de Roses.

AUTRE, D'UN AMANT A SA MAÎTRESSE,
EN LUI OFFRANT UNE IMMORTELLE,

Ayant pour attribut : *Constance durable.*

La fleur des champs moins que vous est modeste,
Et moins que vous la Rose a de fraîcheur ;

Le lis superbe, à la tige céleste,
A moins que vous de grâce et de blancheur.
Oui, chaque fleur est par vous effacée;
Cette Immortelle seule exprime ma pensée.
Et je vous l'offre pour ma fleur.

BOUQUETS DE FAMILLE.

UN FILS A SON PÈRE.

On doit composer ce bouquet d'un Lilas blanc, exprimant la *Jeunesse*, d'une Immortelle, symbole de l'*Amitié*. — Les souvenirs de l'amitié ne s'effacent jamais.

Que ce bouquet, par sa fraîcheur,
Soit pour toi l'emblème sincère
Des sentimens d'un jeune cœur
Qui n'est jaloux que de te plaire.
Ah! quand de bienfaits chaque jour
Tu sais embellir ma carrière,
Juge du bonheur qu'à mon tour
J'éprouve en fêtant un bon père.

AUTRE D'UN FILS A SON PÈRE.

Le bouquet sera aussi composé d'un Réséda, emblème du *Mérite modeste*, une branche de Lis, ayant pour signification *Noblesse de caractère*. — La Pensée, symbole des sentimens du cœur.

Papa, pour ton fils quel bonheur
De t'offrir, le jour de ta fête,

Un bouquet où règne une fleur
Qui de son cœur est l'interprète !
Cette pensée est en ce jour
Le garant et le pur hommage
Des nuances de mon amour
Dont cette fleur n'est que l'image.

UNE DEMOISELLE A SON PÈRE,

EN LUI PRÉSENTANT UN BOUQUET DE CHÈVREFEUILLE,

Symbole de l'Amitié et de l'Amour paternel.

Cher papa ! pour toi je cueille
Ce bouquet simple et sans art ;
Je sais qu'une fleur s'effeuille
Et se fane tôt ou tard ;
Mais je prends le Chèvrefeuille,
Parce qu'il sait s'enlacer,
Comme j'aime à t'embrasser.

AUTRE, D'UNE DEMOISELLE A SON PÈRE,

EN LUI OFFRANT UN LAURIER.

Le Laurier est le symbole de la *Reconnaissance ;* il a aussi pour signification *Petits soins, pureté de sentimens.* — Vos soins seront récompensés.

Cher Papa, reçois cette fleur
Qui te peint ma reconnaissance,
Puisque ton unique bonheur
Est d'orner mon adolescence.
Pour moi tes soins si délicats
Prouvent la bonté de ton âme ;
Comment ne t'aimerais-je pas,
Puisque pour toi mon cœur s'enflamme !

AUTRE, D'UN FILS A SA MÈRE,

COMPOSÉ SEULEMENT D'UNE BRANCHE DE LIS,

Exprimant la noblesse de caractère; *la Candeur* est aussi son emblème.

> Tu possèdes mille vertus,
> Mille talens sont ton partage,
> Et mes vœux seraient superflus
> Si j'en souhaitais davantage.
> Pour symbole de ma candeur,
> Je ne t'apporte qu'une fleur;
> Que peut-on de plus à mon âge?

AUTRE, D'UN FILS A SA MÈRE,

Composé d'une fleur d'Oranger, symbole de la *Chasteté*, de Muguet, ayant pour emblème le *Bonheur*, et d'un Œillet blanc, signifiant l'*Amabilité*.

> Vous voyez que chacun s'apprête
> A célébrer en ce beau jour
> Et vos vertus et votre fête,
> Par le tribut de son amour.
> Mais dans ce concert unanime
> Qui doit faire votre bonheur,
> A la tendresse qui l'anime,
> Maman, reconnaissez mon cœur.

UNE DEMOISELLE A SA MÈRE,

EN LUI PRÉSENTANT DES VIOLETTES.

Le blanc est le symbole de la *Pudeur*, le bleu, celui de la *Modestie*.

La Violette, pour l'odeur,
Est bien la fleur par excellence ;
Maman, accepte cette fleur,
Elle est ta vive ressemblance.
Dans ton regard, dans ton maintien,
On voit ton âme satisfaite ;
Et celui qui te juge bien
Te compare à la Violette.

AUTRE, D'UNE DEMOISELLE A SA MÈRE,

EN LUI OFFRANT UNE COURONNE DE PLUSIEURS FLEURS.

L'Ananas, emblème de la *Perfection ;* Belle-de-Nuit, *Timidité ;* Rose, *Beauté ;* Giroflée, *Beauté durable ;* et Lierre, emblème de l'*Amitié.*

O toi, qui m'as donné la vie,
De ma main accepte ces fleurs ;
Oui, pour toi, ta fille chérie
A su marier leurs couleurs.
Laisse-moi de cette couronne
Parer ton front blanchi des ans ;
Chère maman, de tes enfans
C'est l'amitié qui te la donne.

PLUSIEURS ENFANS A LEUR PÈRE,

Composé comme il suit : une Violette blanche, exprimant la *Franchise de l'innocence ;* une Tulipe double, dont l'emblème est l'*Amitié ;* un Œillet blanc, les *Sentimens.*

En ce jour reçois notre hommage,
Connais pour toi nos sentimens ;
Vois tes amis dans tes enfans,
Ils te chérissent sans partage

Et n'auront jamais d'autre encens.
Pour être à tes désirs fidèle,
Pour satisfaire tous tes vœux,
Pour être toujours vertueux,
Chacun d'eux te prend pour modèle;
C'est le seul moyen d'être heureux.

AUTRE, DE PLUSIEURS ENFANS A LEUR MÈRE.

Ce bouquet se composera d'une Rose Cent-Feuilles, exprimant les *Grâces;* une Jacinthe étalée, symbole de la *Bienveillance;* et une Pensée, qui devra être offerte par le plus jeune des enfans.

L'AÎNÉ DES ENFANS.

Quel plaisir de fêter une mère chérie!
Ce moment a pour nous mille charmes flatteurs.
Daignez en ce beau jour, notre meilleure amie,
Accepter ce bouquet, hommage de nos cœurs!

UN AUTRE.

Avec cette bonté, cette tendre indulgence
Que vous nous prouvez chaque jour,
Recevez ce bouquet, gage de notre amour,
Il vous est présenté par la reconnaissance.

Le jeune Enfant présentant la Pensée à sa Mère.

Cette Pensée
Que ma main t'offre dans ce jour,
Sur ton cœur se trouvant placée,
Saura retracer notre amour
A ta pensée.

CHAPITRE IV.

Horoscopes.

—◆◆◆—

POUR UNE DEMOISELLE.

Votre horoscope est tout à votre avantage et annonce pour vous des jours exempts de peines et de tourmens. — Un jeune homme de la figure la plus aimable, au maintien modeste et réservé, d'une conduite exemplaire, ne tardera pas à se présenter à vos parens pour obtenir votre main. — Votre modestie et votre amabilité vous feront chérir et aimer de toutes vos compagnes. — Votre oracle annonce que vous entreprendrez un petit voyage sous la conduite d'une de vos parentes. Comme un ancien adage nous dit qu'il n'y a pas de plaisir sans peines, vous pourrez essuyer quelques disgrâces occasionnées par le méchant esprit d'une personne qui sera de la partie; mais votre bonté et votre caractère vous feront excuser sa faute. — Vous devez vous méfier d'une de vos amies qui vous flatte beaucoup : ses mauvais discours pourraient vous perdre dans l'esprit des personnes qui vous estiment. La flatterie est un poison mortel. — Profitez des sages conseils que l'on vous donnera; encore un peu de temps, et le plus grand de vos devoirs sera accompli : l'amour et l'amitié vous récompenseront. — Votre économie vous donnera un bien-être, et vous vous reposerez dans votre vieillesse.

POUR UN GARÇON.

Tout annonce pour vous du bonheur, mais, si vous voulez réussir dans tout ce qui vous est prédit, évitez le plus qu'il vous sera possible la compagnie de ceux qui pourraient vous porter au mal. A cet effet, que la prudence et l'équité soient les guides de vos démarches, et toutes vos entreprises auront le plus grand succès. — Une jeune personne intéressante, ayant tout pour plaire, doit, dans quelque temps, assurer votre félicité. — Vous ferez une maladie dans le cours d'un voyage que vous entreprendrez dans vos intérêts : mais tranquillisez-vous, cette maladie n'aura aucun caractère alarmant. — Vous découvrirez plusieurs trahisons qui vous auront été faites en secret. — Votre oracle prédit encore que vous devez recevoir sous peu de temps les nouvelles les plus importantes, qui vous causeront la satisfaction la plus grande. — L'habitude du travail vous procurera toutes les commodités de la vie, et vous saurez être heureux dans une honnête aisance. — Les enfans que vous aurez de votre mariage suivront vos exemples; vous saurez leur inspirer de bonne heure l'amour du travail, vertu essentielle qui honorera toujours l'homme de bien. *Travaillons, prenons de la peine, c'est le fonds qui manque le moins,* a dit le bon La Fontaine.— Malgré votre bon cœur et le plaisir d'obliger vos semblables, vous éprouverez des désagrémens de ceux-là mêmes à qui vous aurez rendu service. — Le reste de vos jours sera paisible; l'étoile qui a fixé l'instant de votre naissance varie en plusieurs choses.

POUR UNE FEMME MARIÉE.

Votre horoscope vous prévient que vous avez à craindre l'indiscrétion d'une personne brune auprès de votre époux, afin de lui insinuer, par ses raisonnemens et ses rapports mensongers, de mauvais procédés à votre égard ; mais soyez sans inquiétude, cette personne reviendra de son erreur. Par la suite, vous lui reconnaîtrez un caractère doux et affable, elle secondera vos vues et fixera votre sincère estime.—Vous vous livrez parfois à la mélancolie, et vous avez tort, car vous ignorez ce qui vous attend. Ne jetez pas le manche après la coignée, comme dit un ancien proverbe, et tout ira bien pour vous. — Tout le monde admire votre bonté et votre douceur : ne poussez pas ces deux qualités à l'excès; vous pourriez en être la dupe. —L'oracle vous annonce une grande joie dans votre famille : retour désiré et inattendu d'une parente qui vous est chère et qui vous affectionne beaucoup. Vous devez vous trouver bientôt dans une société aimable où chacun vous montrera beaucoup de gaîté; la gaîté vous plaît, et vous êtes sensible : c'est pourquoi vous ferez briller en cette occasion cet esprit naturel qui vous fait rechercher des personnes qui vous fréquentent. —Vous regrettez un bien que vous avez perdu, mais les qualités de votre cœur répareront vos pertes. — Votre planète indique que vous passerez des jours heureux avec votre mari dans une grande ville, et que ni l'un ni l'autre ne sera atteint des infirmités qui affligent ordinairement les derniers jours de notre vie.

POUR UN HOMME MARIÉ.

Pour avoir été trop facile à dire votre façon de penser, vous vous êtes fait beaucoup d'ennemis ; cependant vous n'y avez rien perdu, car, d'un côté, vous vous êtes fait de vrais amis, qui vous feront beaucoup de bien, tandis que vos ennemis ne pourront point vous faire de mal.—Votre horoscope vous annonce que vous n'aurez jamais de grands biens, mais votre industrie vous fera vivre dans une honnête aisance. — N'écoutez nullement les faux rapports qui vous seront faits. La calomnie est une arme perfide qui se cache dans l'ombre. Vous avez une épouse vertueuse dont les procédés à votre égard sont très-délicats : ainsi ne vous mettez point, comme on le dit, martel en tête, et ne prenez conseil que des personnes jouissant d'une bonne réputation. — Votre oracle prédit encore que plusieurs honnêtes gens vous accorderont leur bienveillance, leur considération et leur protec-

tion. C'est en leur prouvant beaucoup de reconnaissance que vous conserverez leur amitié. Vous verrez alors que le hasard nous sert
quelquefois infiniment mieux que nous ne l'es-
pérons. — Le sort vous favorisera très-avan-
tageusement, soit dans vos travaux, soit dans
vos affaires domestiques ou dans toutes les re-
lations que vous serez dans le cas d'avoir. En
brusquant les événemens, on recule, dans plusieurs circonstances, au lieu d'avancer. — Ser-
vez-vous de l'intelligence que vous possédez, et,
dans vos entreprises, vous serez sûr de parve-
nir au terme que vous désirez.

POUR UNE DAME VEUVE.

Votre horoscope annonce que votre cœur,
bon et sincère, mais trop facile à faire connaître vos intentions, a été cause que vous
avez essuyé quelques ennuis. Maintenant mé-
fiez-vous encore des personnes qui vous flat-
tent, ce n'est que pour vous tromper. — Votre
planète vous annonce que vous contracterez un
nouvel hymen qui assurera votre bonheur. Un
homme brun et du caractère le plus aimable,
est celui que le sort vous destine.—Vous pourrez éprouver quelques tracasseries relatives à
ce nouveau mariage; mais elles seront passa-
gères; votre prudence saura en triompher. —
Dans quelque temps, vous vous trouverez un
peu dans l'embarras; mais un ami viendra à votre secours et vous sera d'une grande utilité. —
Vous recevrez incessamment une lettre qui vous

éclairera sur des faits qui vous concernent. Suivez les avis que votre planète vous donne, et croyez que les suites en seront satisfaisantes. — Vous aurez occasion de consoler une parente qui éprouvera quelque chagrin ; vous serez récompensée de ces attentions par les témoignages de sa tendresse, de son amitié et de sa vive reconnaissance. Un bienfait n'est jamais perdu. — Vous avez un projet que vous ne mettrez à exécution que dans quelque temps et avec beaucoup de peine ; mais votre entreprise réussira au-delà de vos espérances. — Vous vivrez fort longtemps, vous ne serez que rarement malade ; vous serez modérée dans vos désirs, ce qui vous procurera la félicité la plus parfaite ; enfin la Fortune vous sourira sans que vous la recherchiez.

POUR UN HOMME VEUF.

Contentez-vous de ce qu'il faut pour vivre, et ne vous laissez pas éblouir par l'appât des richesses, car ce sont des maux dont le Ciel nous exempte en ne nous les accordant pas. — Vous ne deviendrez pas puissamment riche, mais tranquillisez-vous, il ne vous manquera rien, et vous êtes assuré de jouir du plus parfait bonheur pendant toute votre vie. — Votre horoscope est on ne peut plus satisfaisant. Il vous annonce qu'une seconde épouse contribuera beaucoup à votre félicité, et vous fera oublier celle que vous avez perdue, par l'amour le plus tendre et l'attachement le plus sincère pour vous. — Vous ferez un long voyage, et tout ce que vous entreprendrez réussira au gré de vos désirs. — L'oracle vous invite à rendre service à vos amis, parce qu'en cas de revers vous pourriez en avoir besoin. — Si vous voulez goûter le véritable bonheur de la vie, c'est de secourir le malheureux. — L'envie et la jalousie se ligueront contre vous, ce qui vous causera souvent du dépit; mais vous êtes né sous une bonne étoile, et elle ne vous abandonnera jamais. Vous serez toujours estimé des personnes honnêtes. Laissez-vous guider par la voix de l'honneur et de la probité, et vous trouverez votre récompense dans le témoignage de votre conscience.

TABLE.

CHAPITRE II.

CHAPITRE III.

CHAPITRE IV.

FIN DE LA TABLE.